恒河猴 CT影像 解剖学图谱

主　编　曹　华　张正绵
副主编　李志雄　陈自谦
　　　　孙蓬明　徐两蒲

U0309216

编写者名单（按姓氏拼音排序）

曹　华（福建省妇幼保健院）
陈自谦（中国人民解放军联勤保障部队第九〇〇医院）
黄渊清（福建省妇幼保健院）
黄　涛（福建省妇幼保健院）
雷宇清（福建省妇幼保健院）
李志雄（福建省妇幼保健院）
孙蓬明（福建省妇幼保健院）
王心睿（福建省妇幼保健院）
徐两蒲（福建省妇幼保健院）
张正绵（福建省妇幼保健院）
张海涛（福建省妇幼保健院）

海峡出版发行集团 | 福建科学技术出版社
THE STRAITS PUBLISHING & DISTRIBUTING GROUP | FUJIAN SCIENCE & TECHNOLOGY PUBLISHING HOUSE

图书在版编目（CIP）数据

恒河猴CT影像解剖学图谱 / 曹华，张正绵主编. —福州：福建科学技术出版社，2021.10
ISBN 978-7-5335-6537-4

Ⅰ. ①恒… Ⅱ. ①曹… ②张… Ⅲ. ①恒河猴－计算机X线扫描体层摄影－动物解剖学－图谱 Ⅳ. ①S854.7-64

中国版本图书馆CIP数据核字（2021）第168036号

书　　名　恒河猴CT影像解剖学图谱
主　　编　曹华　张正绵
出版发行　福建科学技术出版社
社　　址　福州市东水路76号（邮编350001）
网　　址　www.fjstp.com
经　　销　福建新华发行（集团）有限责任公司
印　　刷　福建省地质印刷厂
开　　本　787毫米×1092毫米　1/16
印　　张　7.5
图　　文　120码
版　　次　2021年10月第1版
印　　次　2021年10月第1次印刷
印　　数　1—1560
书　　号　ISBN 978-7-5335-6537-4
定　　价　95.00元

序 言

恒河猴，猕猴属，作为一种重要的高等级实验动物，因其与人类亲缘关系密切，许多生物学特性与人类很接近，所以在医学生物学、新药开发、药品安全性评价等方面占有重要地位，发挥着不可替代的作用。但是目前对恒河猴本身的研究还有很多不足，研究手段和对动物健康的监护条件相对落后，例如，利用高科技手段形成的影像学资料匮乏，应用电子计算机断层摄影（computed tomography，CT）对恒河猴进行的系统研究还是空白。

实验动物是生命科学研究的基础条件，实验动物学科的研究水平是衡量现代生命科学研究水平高低的重要标志。因此，从某种意义上讲，实验恒河猴的生存质量与人类的生存质量息息相关。

为了提升实验恒河猴医疗保护的水平，并为相关科研提供背景资料，我们开展了正常恒河猴 CT 影像断层研究。经过一年的探索，应用 256 排 CT 机获得了数千张正常恒河猴 CT 扫描图像，对其中具有解剖学意义的代表性层面的主要结构进行确认和标注。同时我们利用 CT 影像后处理技术，重建了具有立体视觉效果的三维器官和结构，如骨骼系统、血管系统等。

本书将恒河猴 CT 影像断层扫描研究结果进行了分析和归纳，并与人类器官和结构进行对比分析，以期在以下三个方面对于恒河猴的研究有所推进：

1. 提高恒河猴解剖学的研究水平

长期以来，恒河猴的解剖学研究一直停留在大体解剖的水平。本书利用 CT 对正常恒河猴全身进行断层影像的观察研究，使活的动物体内部结构可视化、微观化、数字化，使恒河猴解剖学的教学及临床应用更加直观、生动具体。

2. 提高恒河猴疾病诊疗水平

现在兽医临床上常用的检查疾病的方法，仍然是听诊、触诊等传统方法，影像学技术应用很少，许多疾病难以确诊。CT 扫描的高分辨率视觉效果，能够发现微小病灶或早期病变，并可提供病变活动性的资料，从而弥补了传统检查方法的不足。

因此在实验恒河猴的临床诊疗中引入 CT 技术，对于提高疾病的诊断水平，保护恒河猴资源具有积极意义。

3. 为恒河猴相关的科学实验提供参考资料

在实验动物质量控制中，诸如细菌、病毒、寄生虫、遗传等方面的检验方法可能存在不能发现或没有发现的机体损害，而病理学检验又有其局限性。因此即使是按照有关标准检验合格、外观健康的动物也仍有可能存在一定程度的组织学病变，如果这样的实验猴应用于科研，势必造成对实验结果的误判。CT 技术能够显示恒河猴器官解剖结构的病理变化，CT 影像学资料对于科研用实验恒河猴的选择、实验模型的质量控制、实验过程的追踪观察等，具有重要的参考价值和科研价值。

在二十余年的实验恒河猴医疗临床实践和科研实验中，我们不断关注影像学在恒河猴解剖方面的应用与发展，并完成这本图谱。由于影像学理论与实践是我们知识结构的短板，本图谱与理想的结果仍存在距离。在此十分感谢中国人民解放军联勤保障部队第九〇〇医院影像中心领导及专家的全力支持，他们的支持使得本图谱能够顺利地展现给大家。也衷心希望能得到同道及前辈的指正。

国家卫生健康委员会非人灵长类生育调节技术评价重点实验室

目　录

腹部层面图

盆腔层面图

血管系统

正常恒河猴 CT 影像特点及与人类的不同

骨骼系统
三维图

以下图片主要是利用 CT 影像重建的三维效果图。

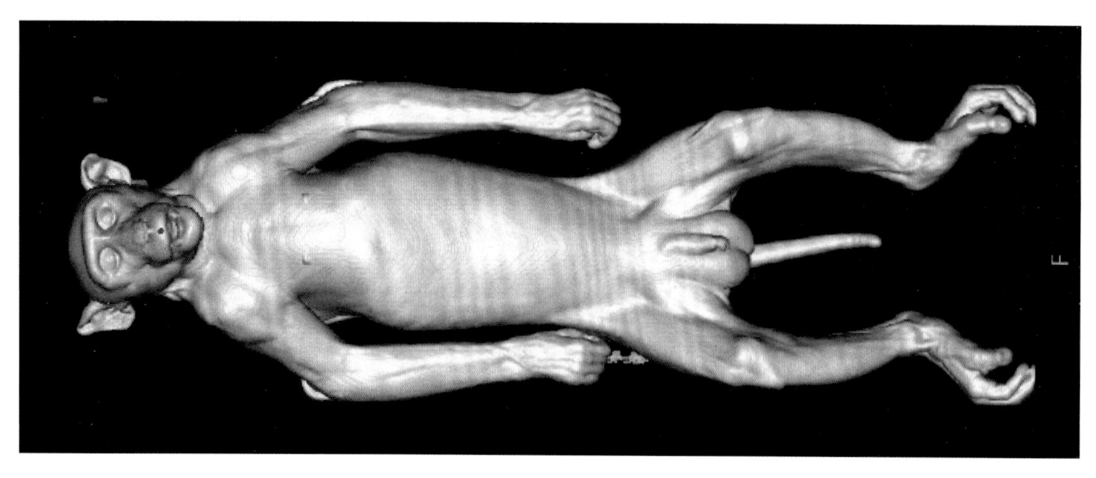

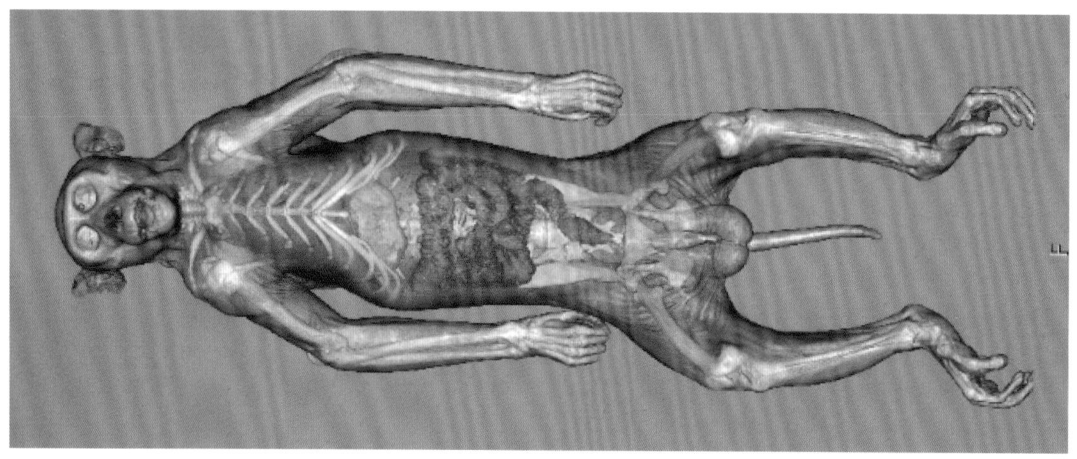

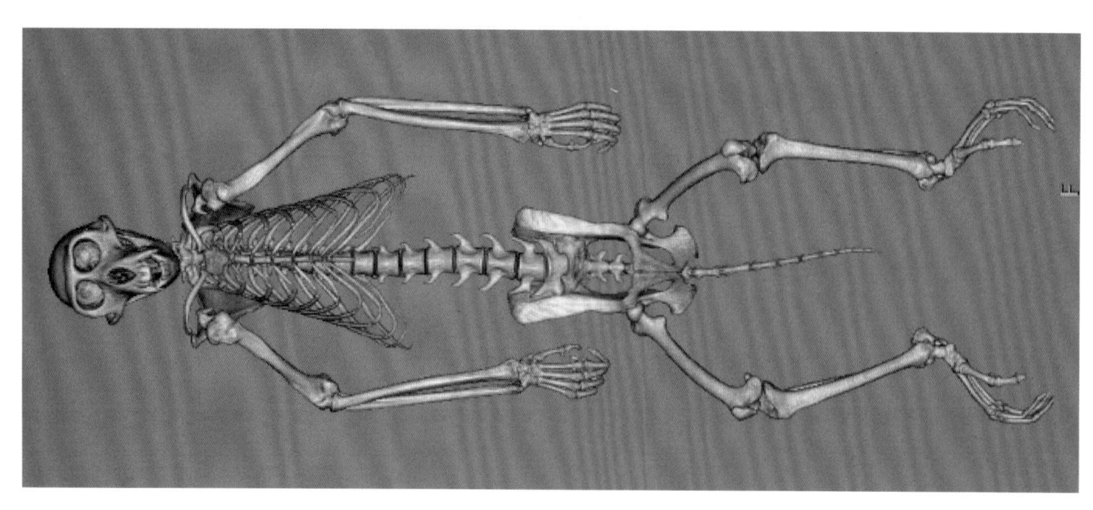

全身骨骼和组织、体表

全身骨骼

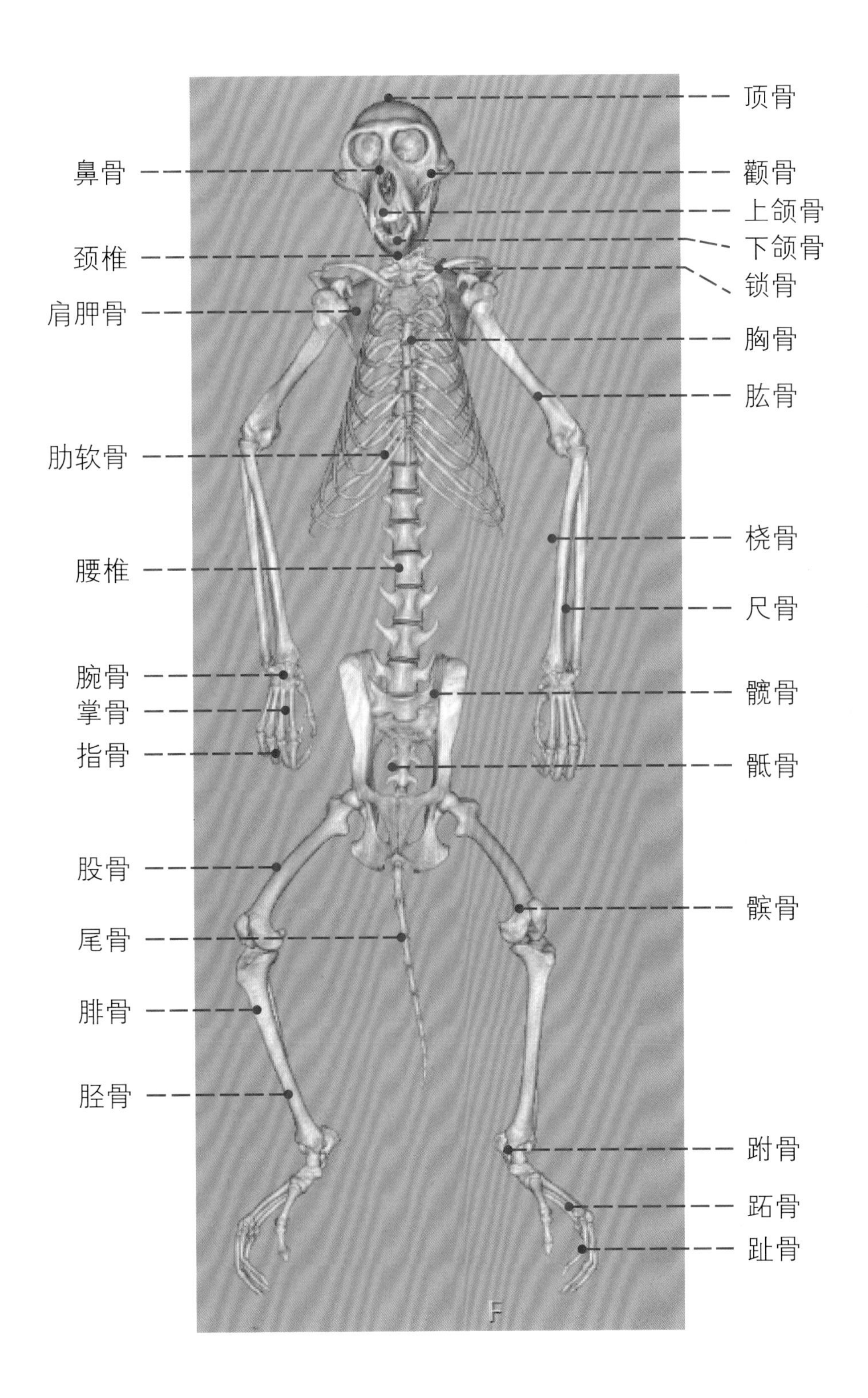

顶骨
鼻骨
颧骨
上颌骨
下颌骨
颈椎
锁骨
肩胛骨
胸骨
肱骨
肋软骨
桡骨
腰椎
尺骨
腕骨
髋骨
掌骨
指骨
骶骨
股骨
髌骨
尾骨
腓骨
胫骨
跗骨
跖骨
趾骨

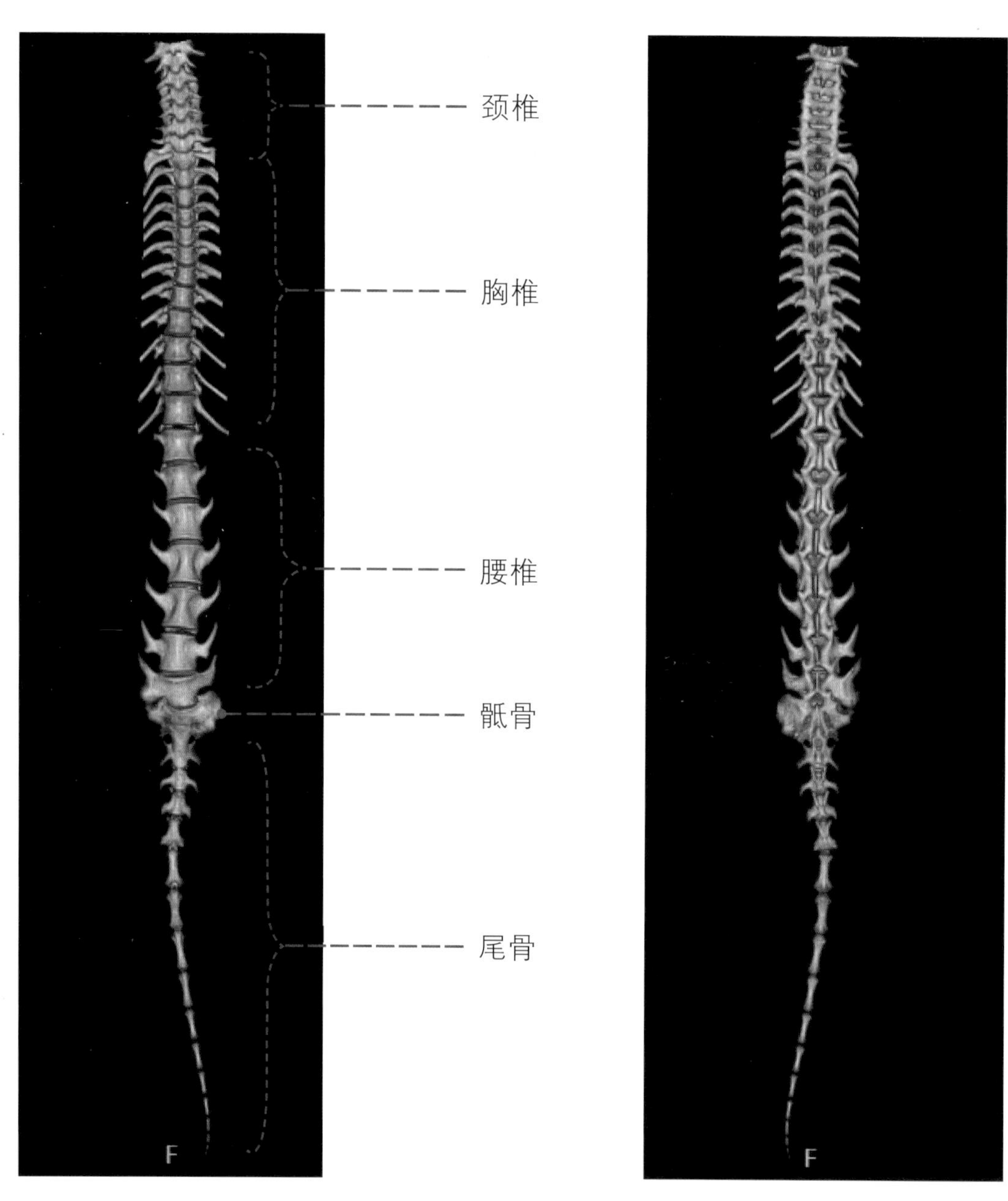
颈椎
胸椎
腰椎
骶骨
尾骨
F
F

脊柱前、后面观

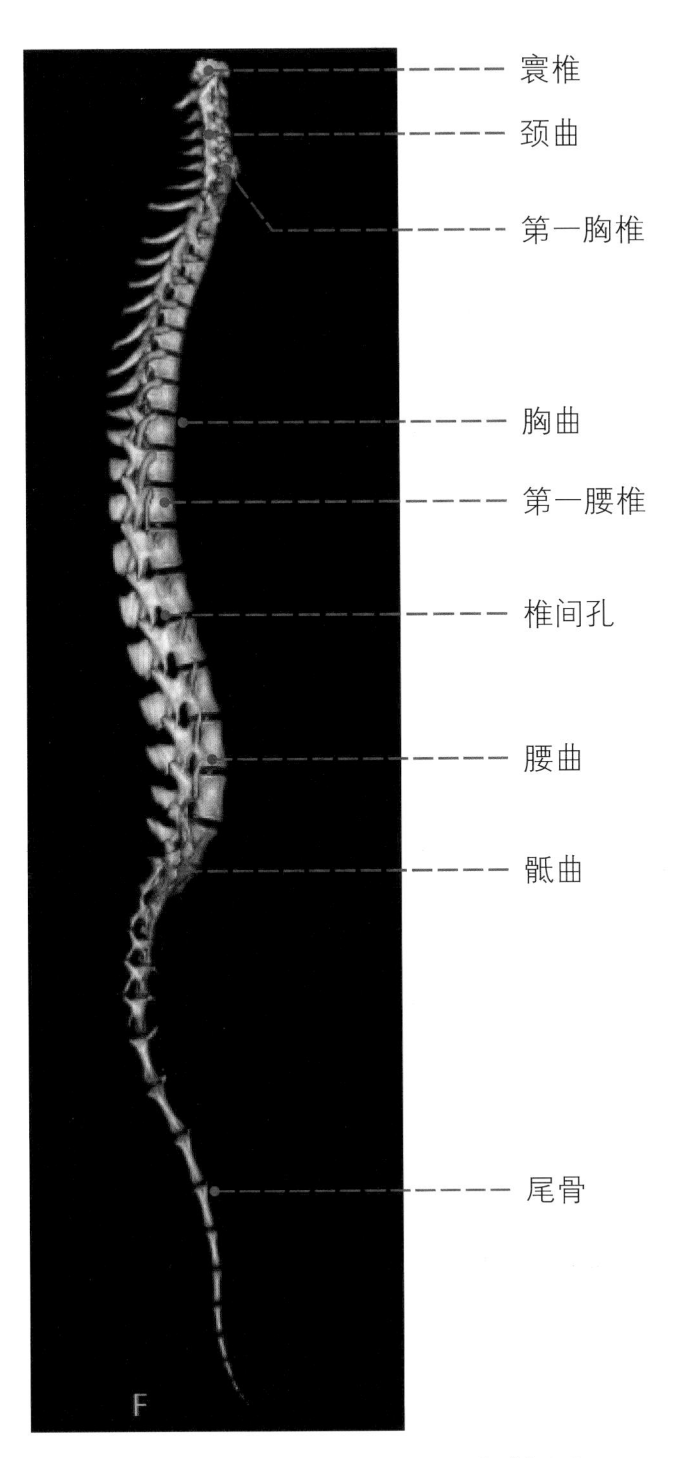
寰椎
颈曲
第一胸椎
胸曲
第一腰椎
椎间孔
腰曲
骶曲
尾骨
F

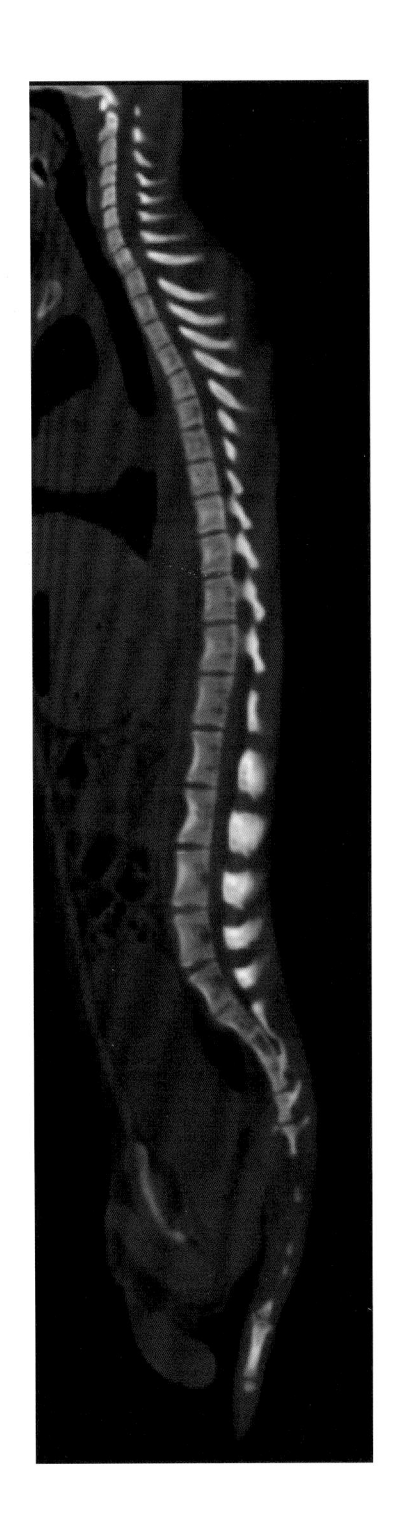

脊柱侧面观

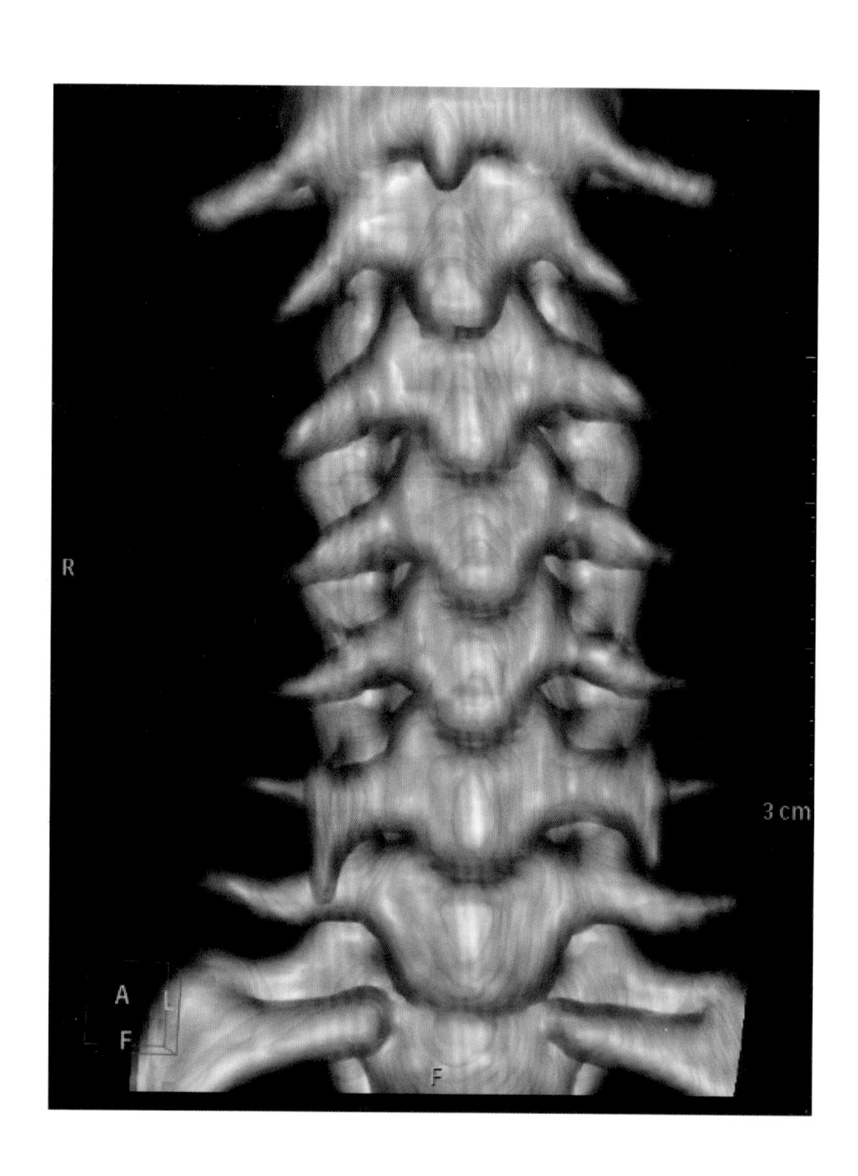
R
3 cm
A
L
F
F

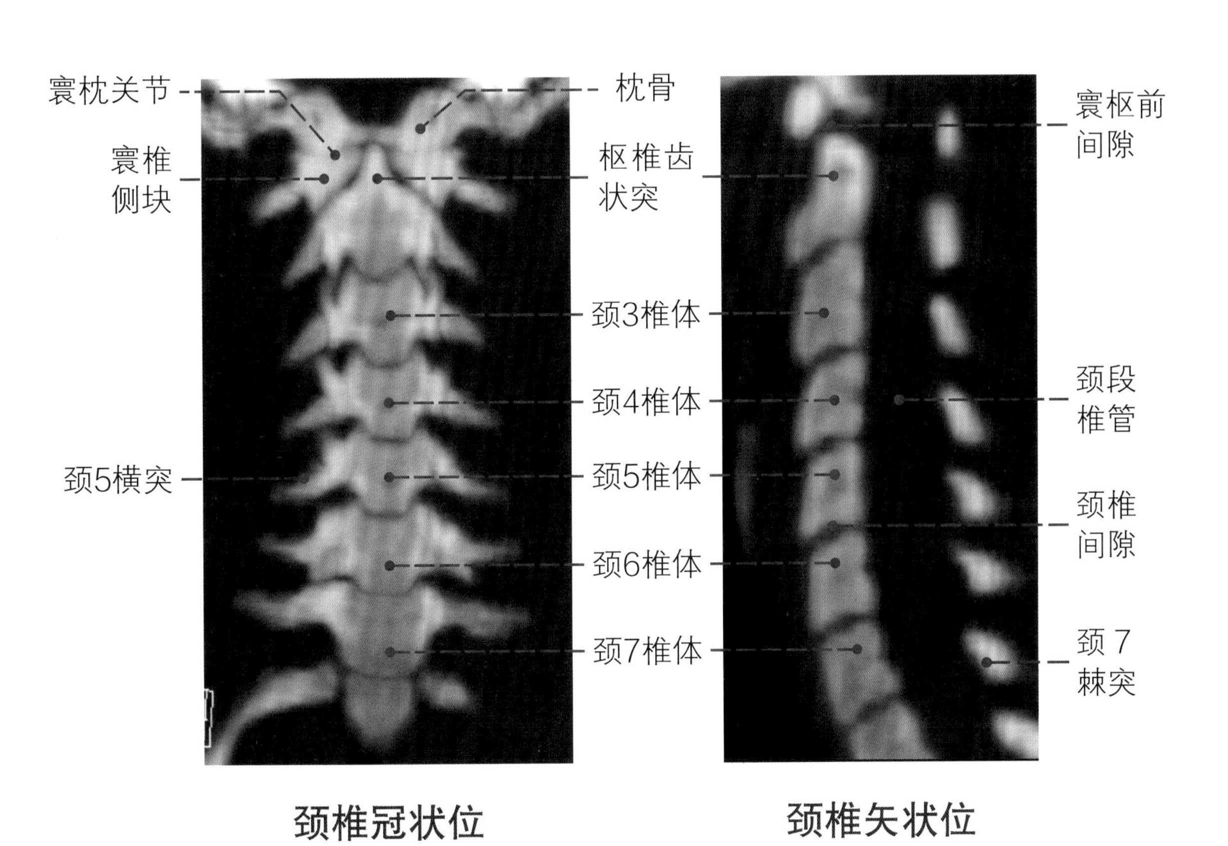
寰枕关节
枕骨
寰椎
侧块
枢椎齿
状突
颈3椎体
颈4椎体
颈5横突
颈5椎体
颈6椎体
颈7椎体
寰枢前
间隙
颈段
椎管
颈椎
间隙
颈 7
棘突

颈椎冠状位

颈椎矢状位

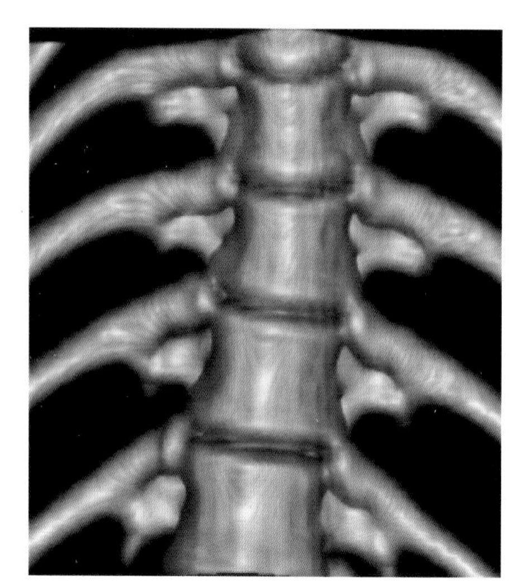

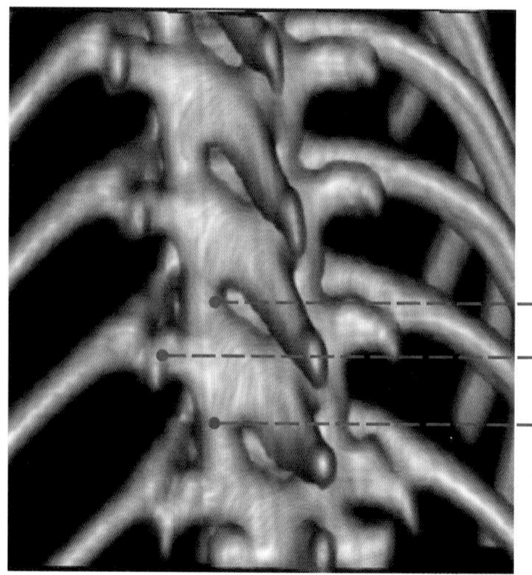
上关节
肋头关节
下关节

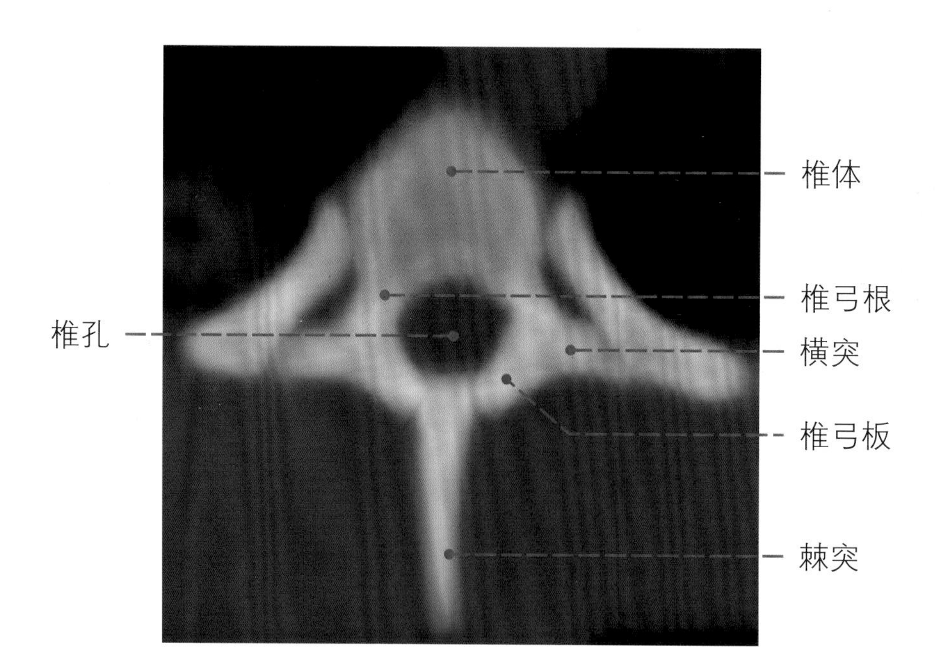
椎体
椎弓根
椎孔
横突
椎弓板
棘突

腰椎

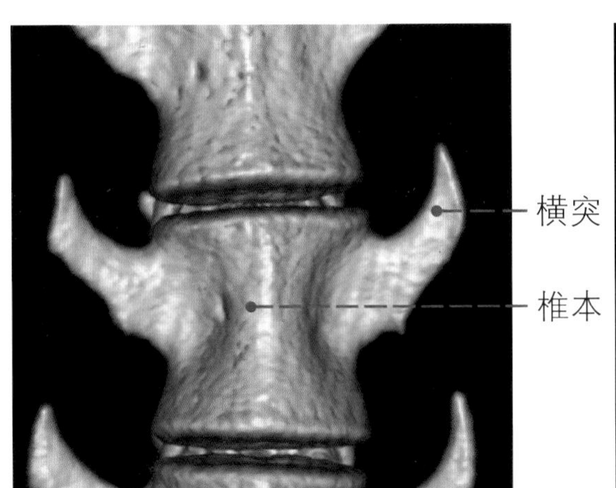
横突
椎本

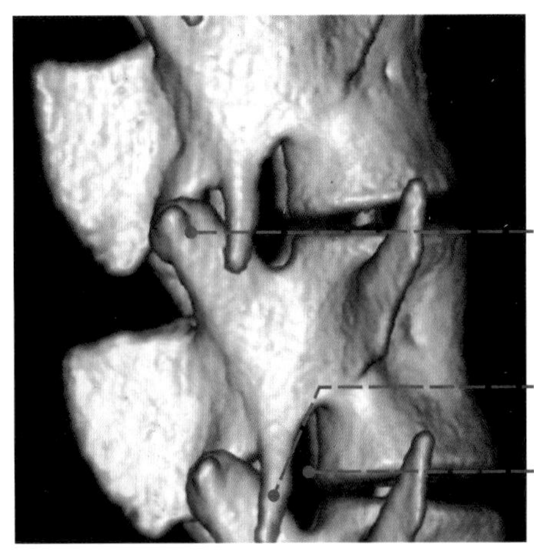
上关
节突
下关
节突
椎间孔

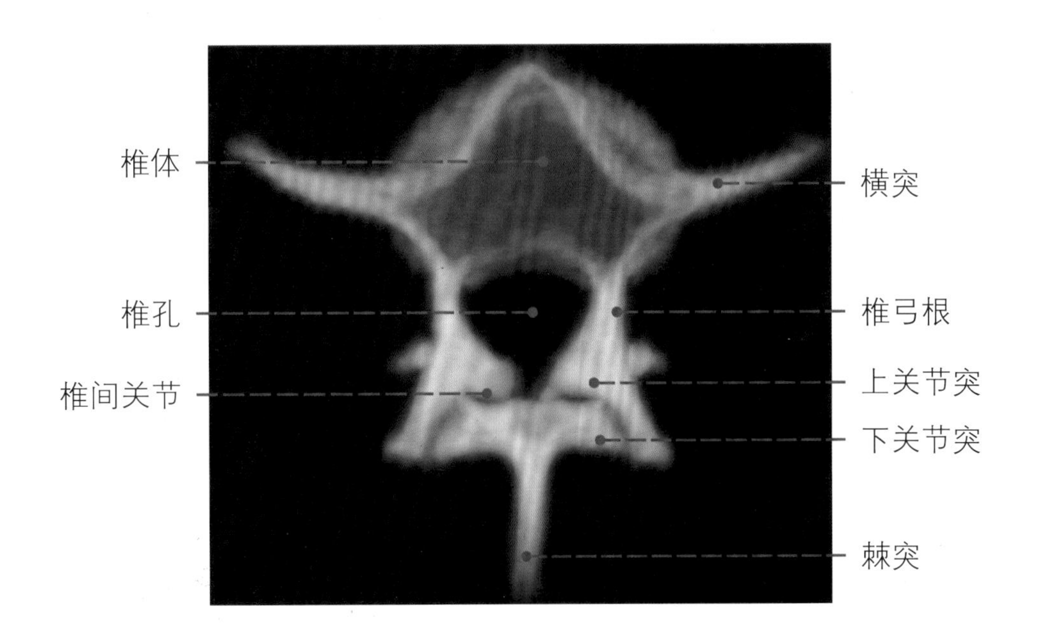
椎体
横突
椎孔
椎弓根
椎间关节
上关节突
下关节突
棘突

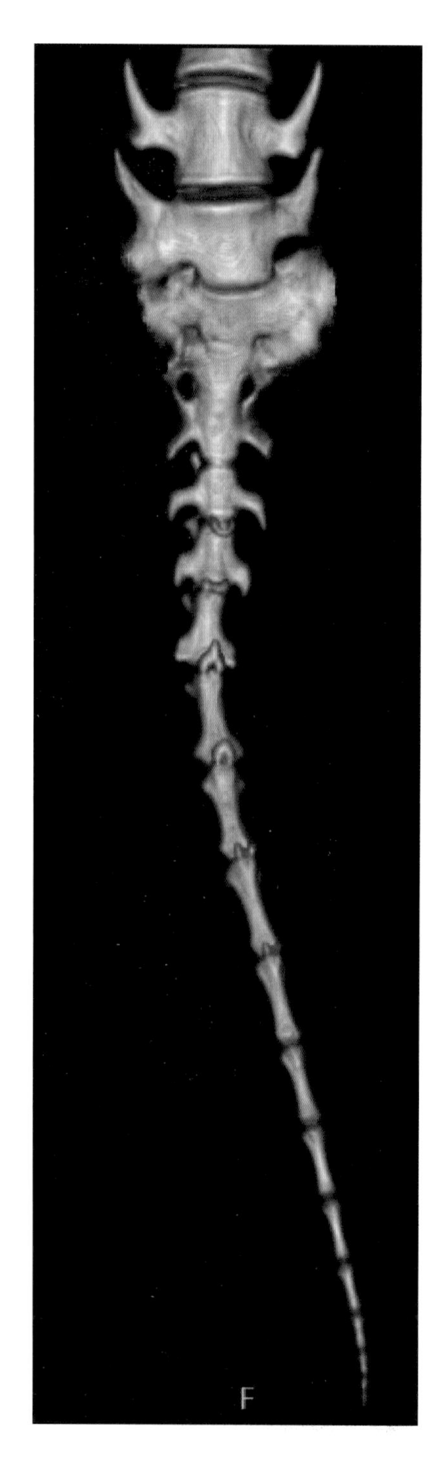
F

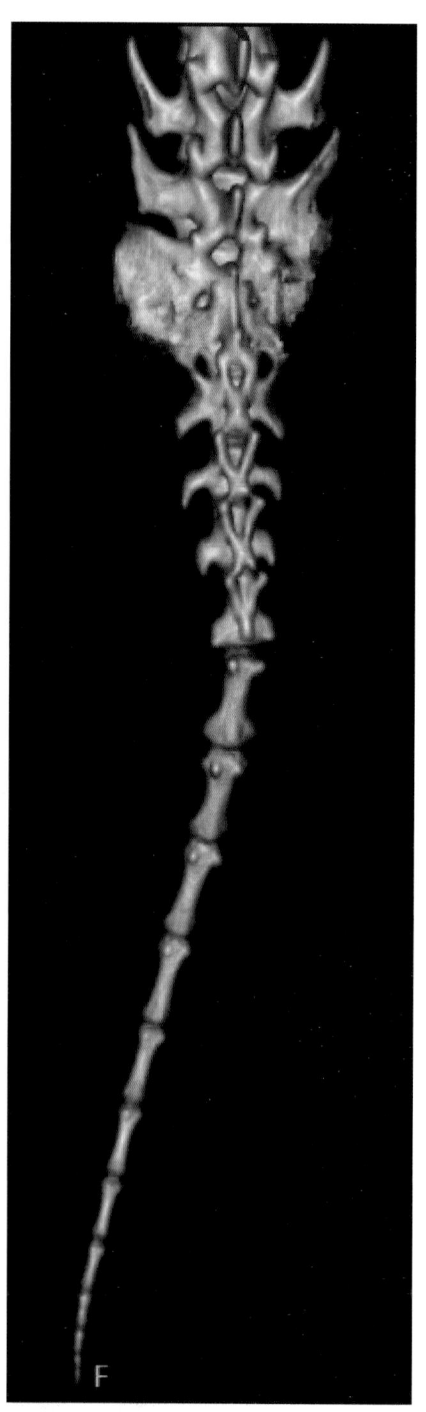
F

骶尾椎

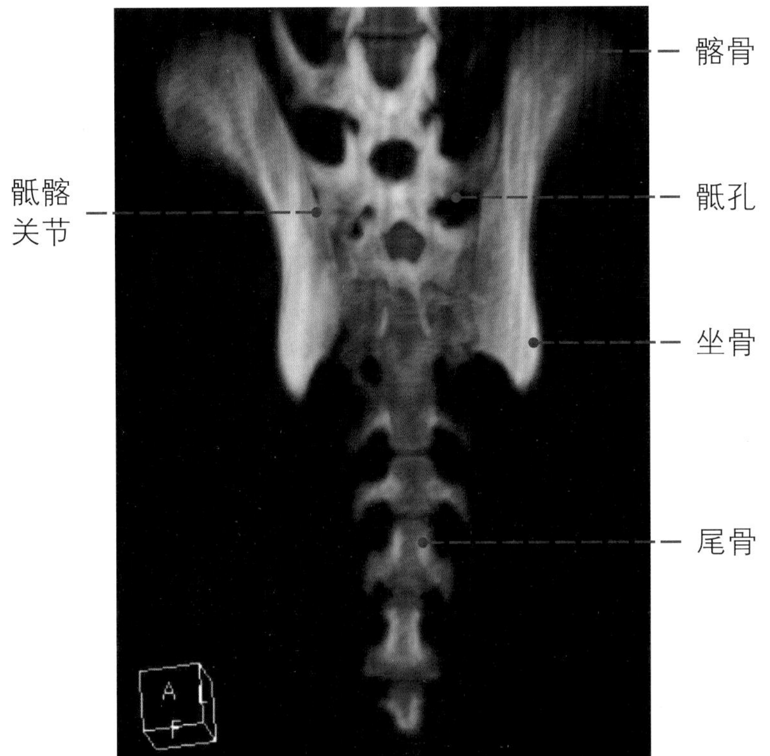

髂骨
骶髂
关节
骶孔
坐骨
尾骨
A
L
F

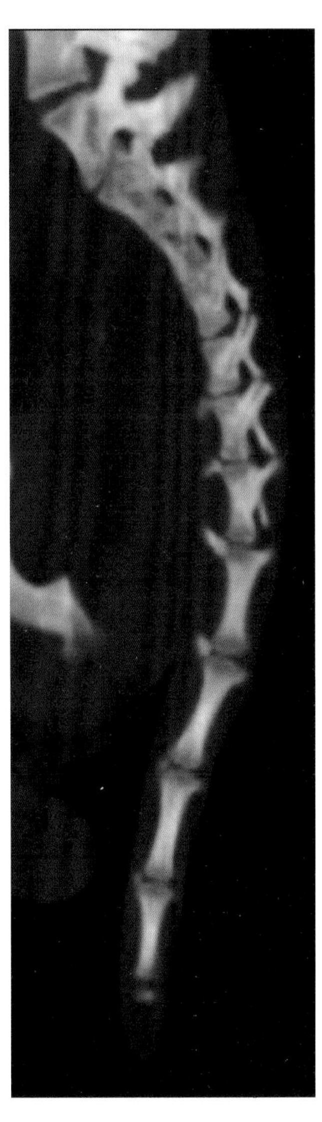

胸廓

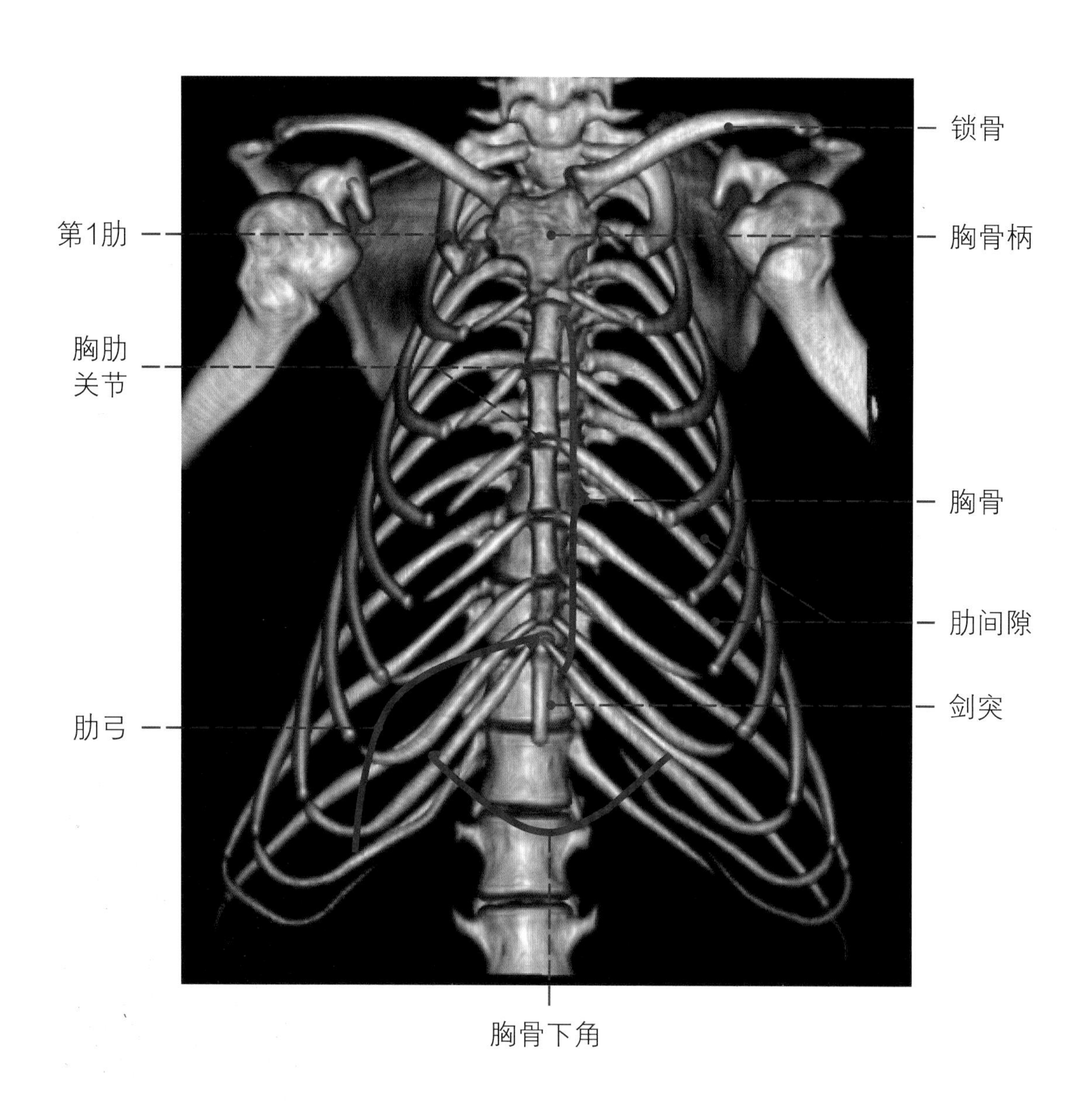
锁骨
第1肋
胸骨柄
胸肋
关节
胸骨
肋间隙
剑突
肋弓
胸骨下角

肋骨

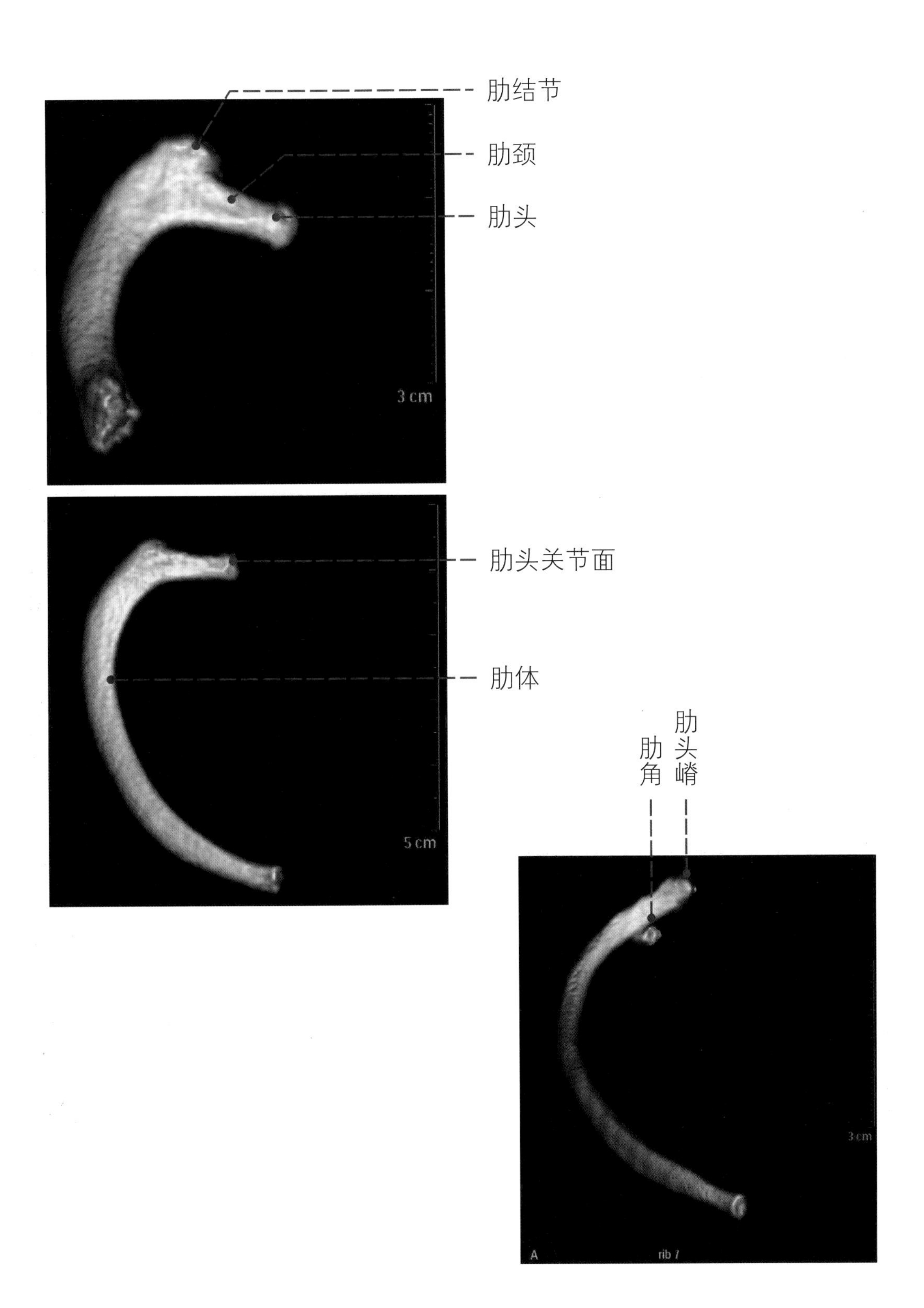

肋结节
肋颈
肋头
3 cm
肋头关节面
肋体
5 cm
肋角
肋头嵴
3 cm
A
rib 7

胸骨

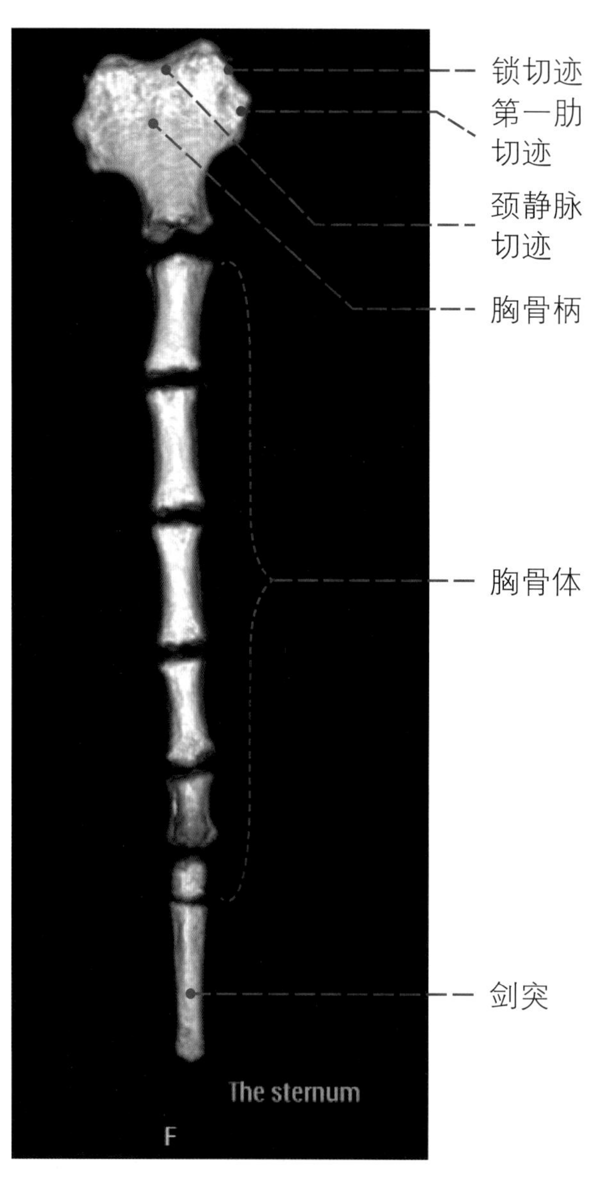
锁切迹
第一肋
切迹
颈静脉
切迹
胸骨柄
胸骨体
剑突
The sternum
F

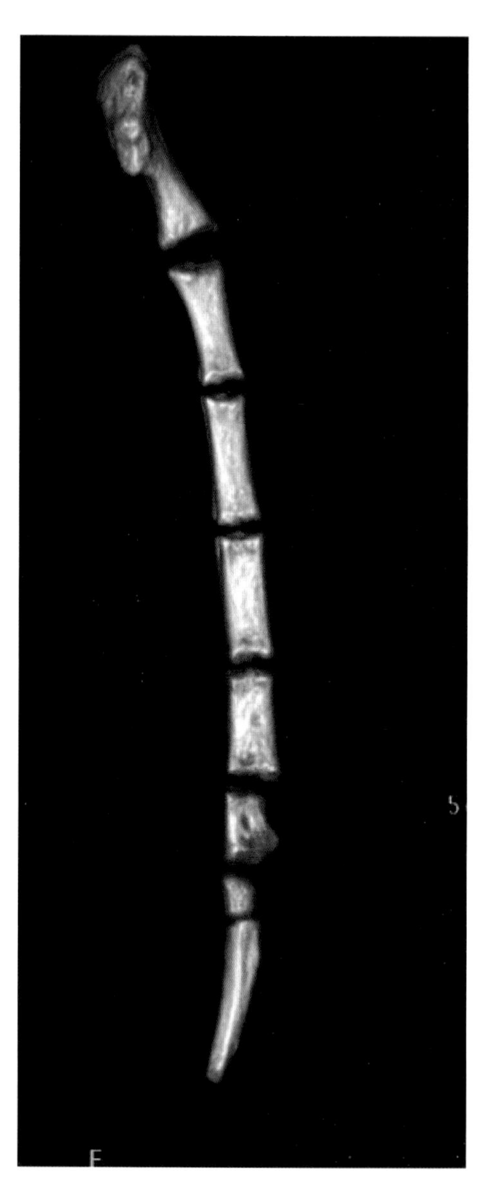
F

肋椎关节

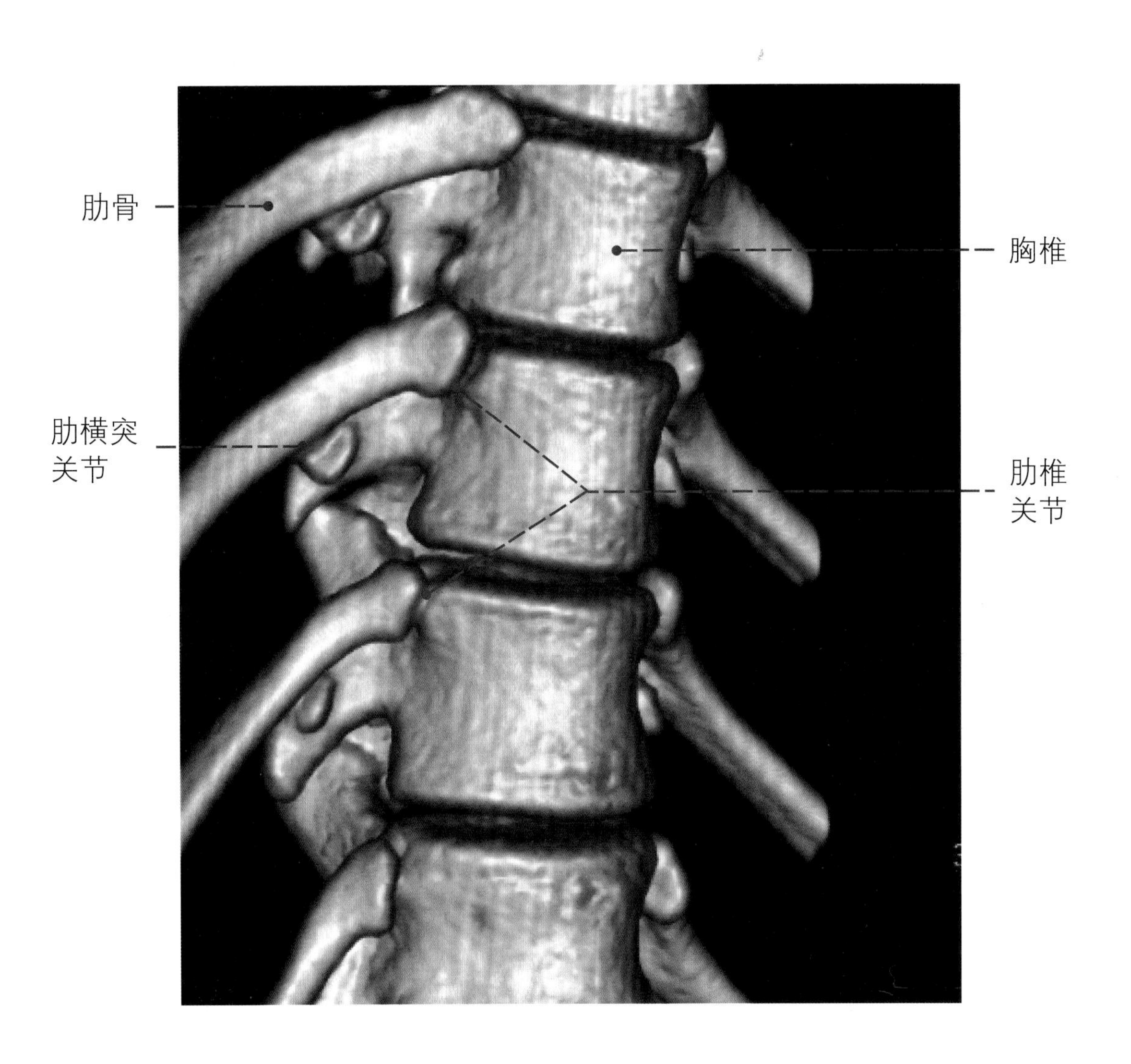
肋骨
胸椎
肋横突
关节
肋椎
关节

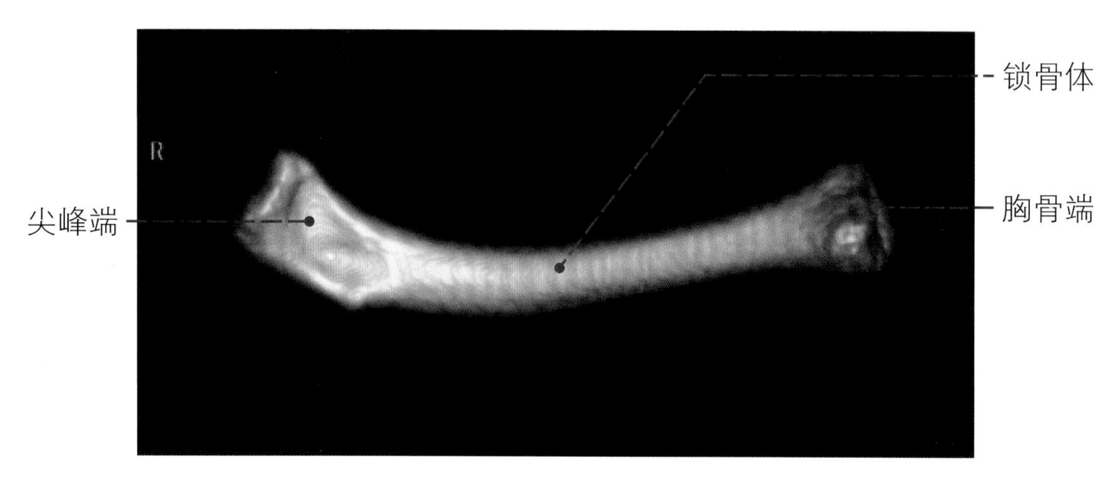

R
锁骨体
尖峰端
胸骨端

锁骨上面观

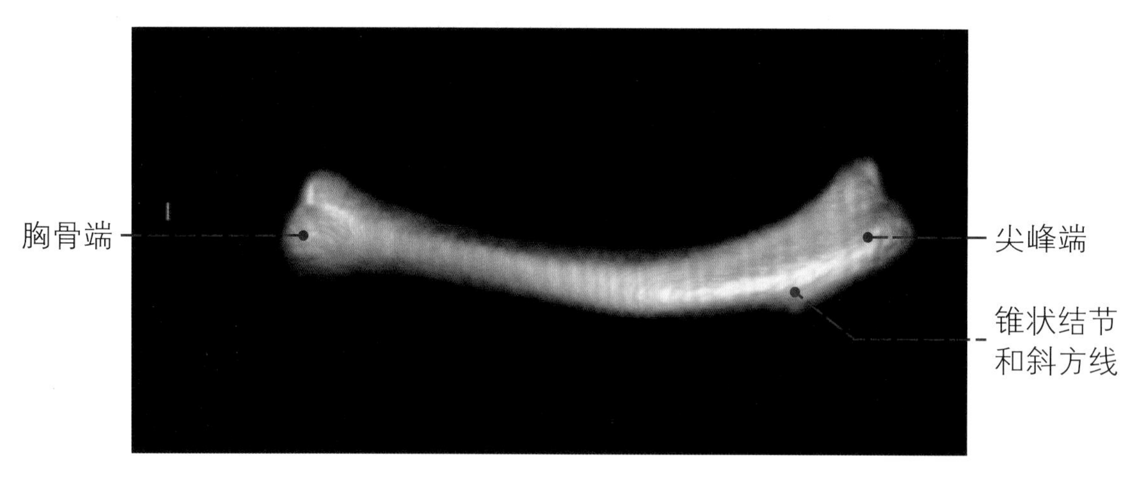

I
胸骨端
尖峰端
锥状结节
和斜方线

锁骨下面观

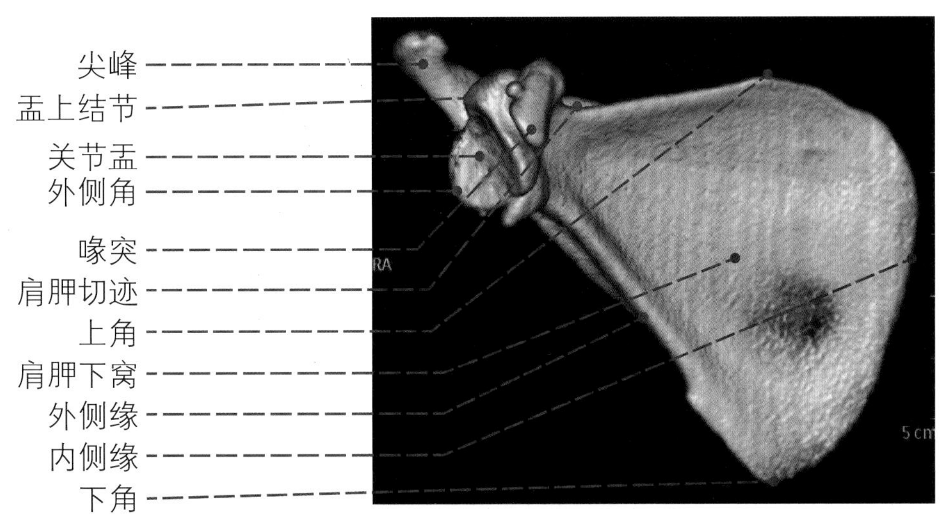
尖峰
盂上结节
关节盂
外侧角
喙突
肩胛切迹
上角
肩胛下窝
外侧缘
内侧缘
下角
RA
5 cm

肩胛骨前面观

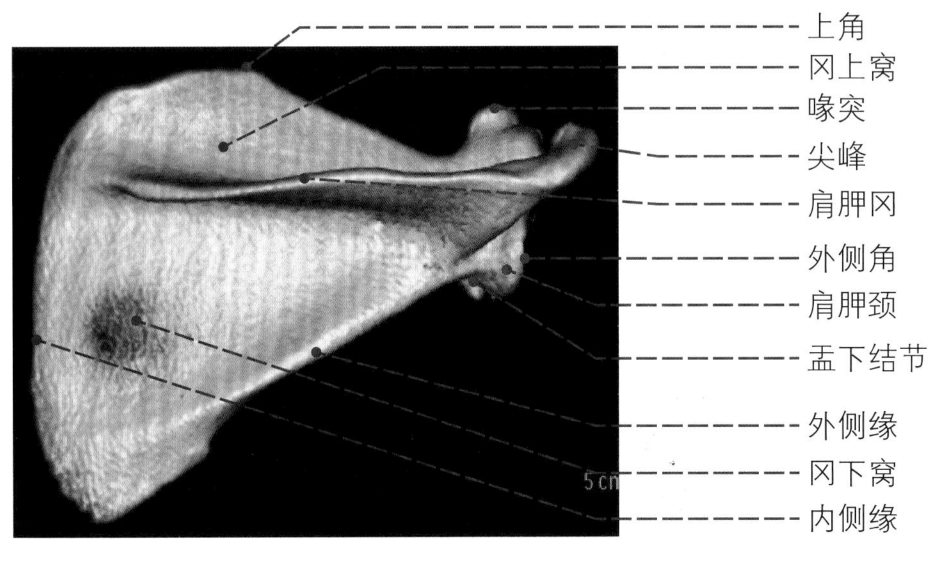
上角
冈上窝
喙突
尖峰
肩胛冈
外侧角
肩胛颈
盂下结节
外侧缘
冈下窝
内侧缘
5 cm

肩胛骨后面观

胎儿颅骨

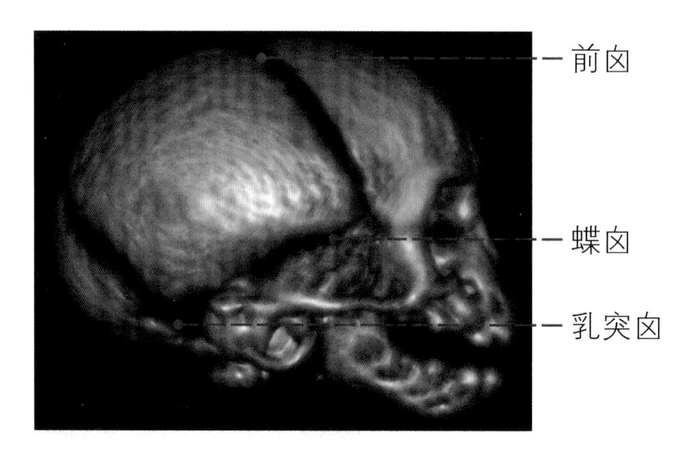

前囟
蝶囟
乳突囟

胎儿颅骨侧面观

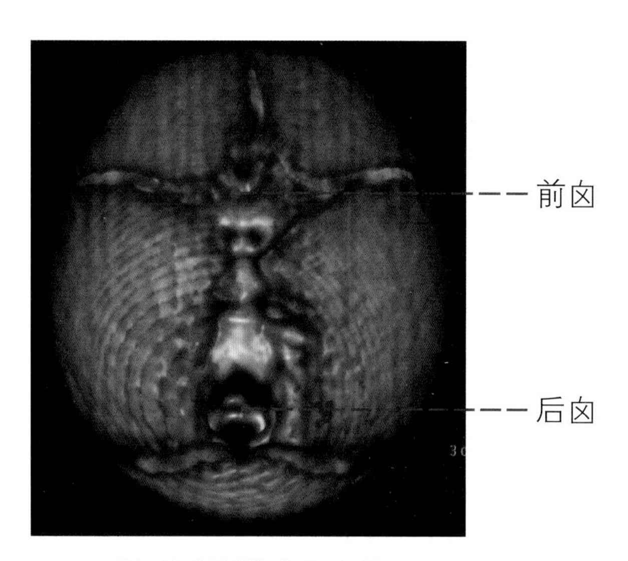

前囟
后囟

胎儿颅骨上面观

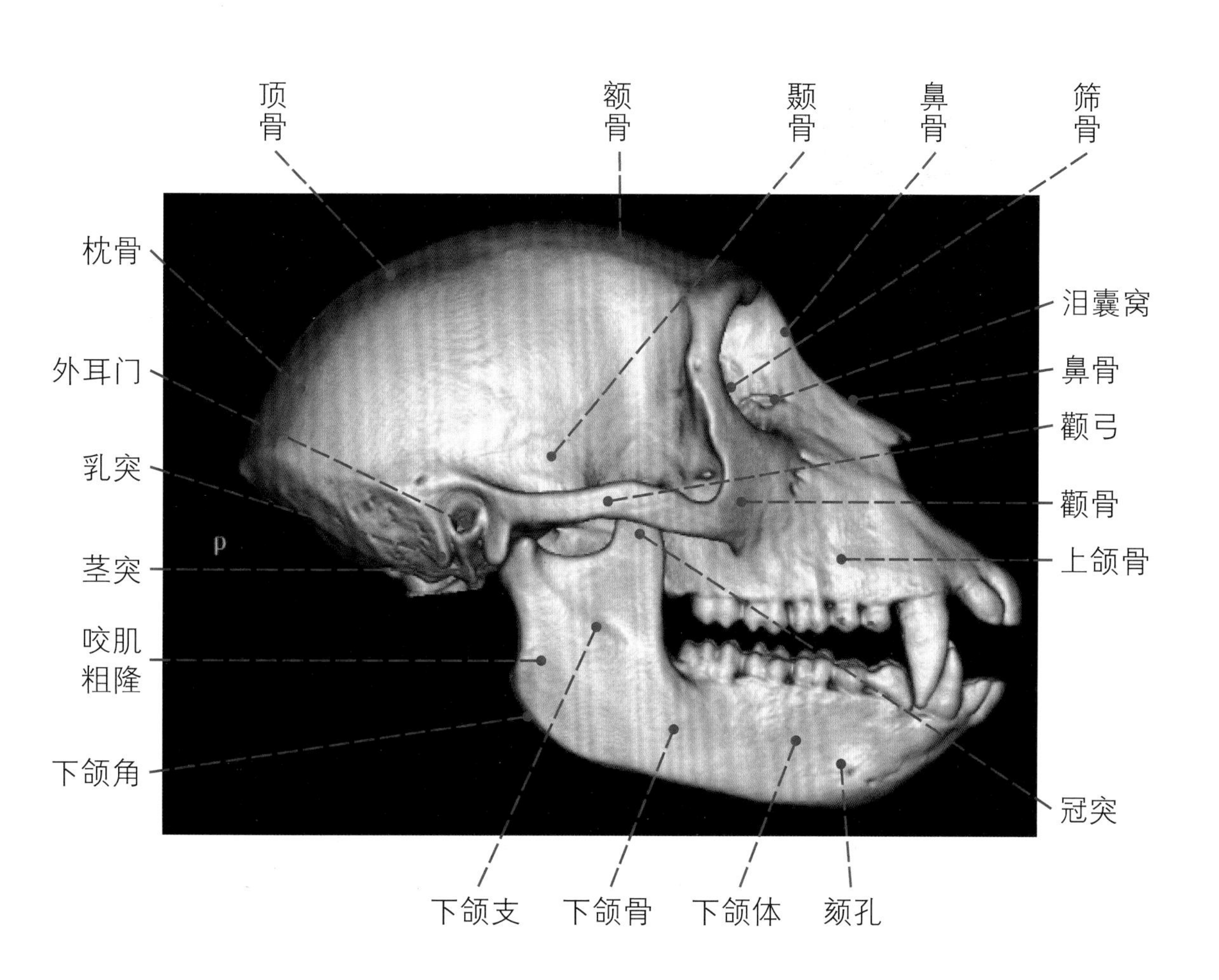
顶骨
额骨
颞骨
鼻骨
筛骨
枕骨
外耳门
乳突
茎突
咬肌粗隆
下颌角
泪囊窝
鼻骨
颧弓
颧骨
上颌骨
冠突
下颌支
下颌骨
下颌体
颏孔
p

成年颅骨侧面观

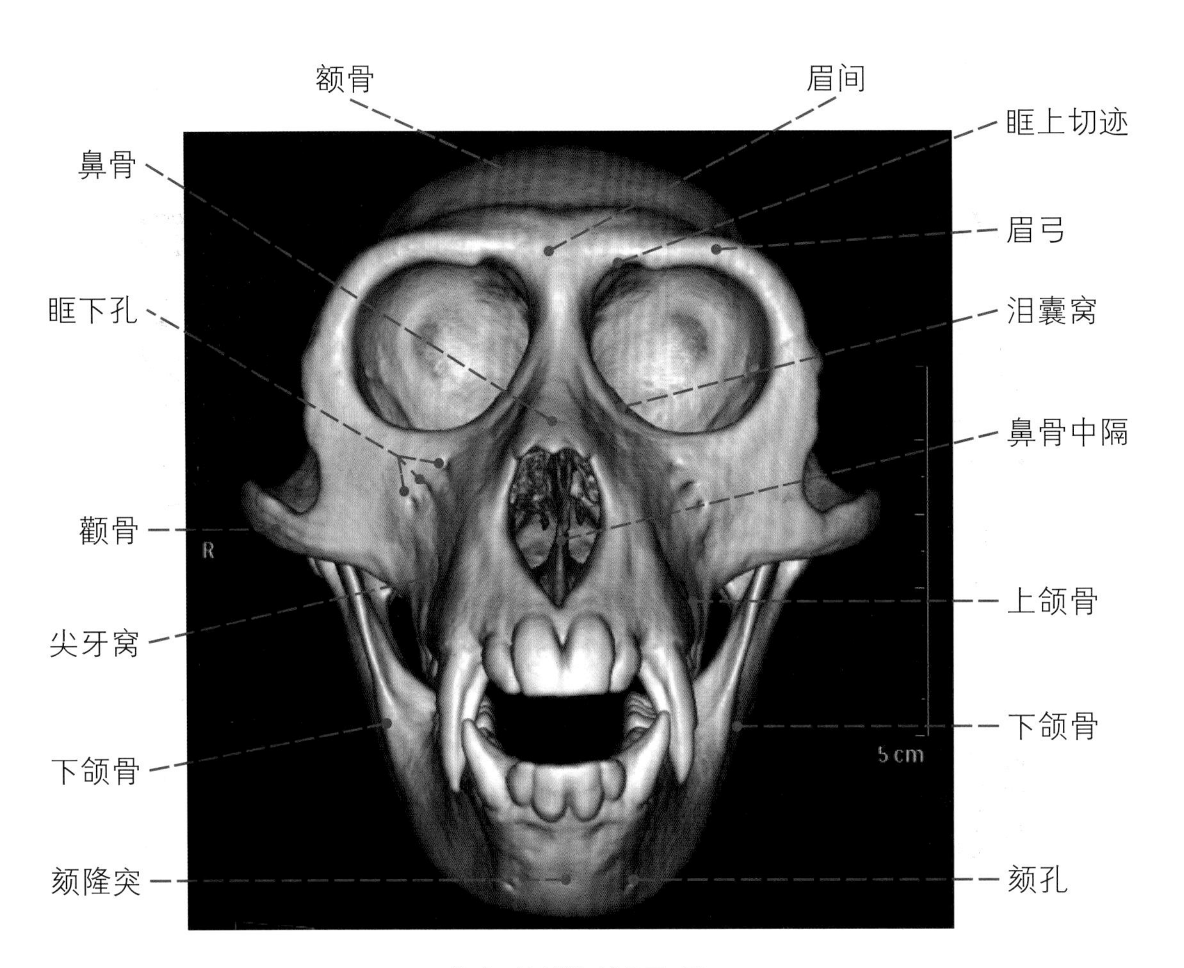
额骨
眉间
眶上切迹
鼻骨
眉弓
眶下孔
泪囊窝
鼻骨中隔
颧骨
R
上颌骨
尖牙窝
下颌骨
5 cm
下颌骨
颏隆突
颏孔

成年颅骨前面观

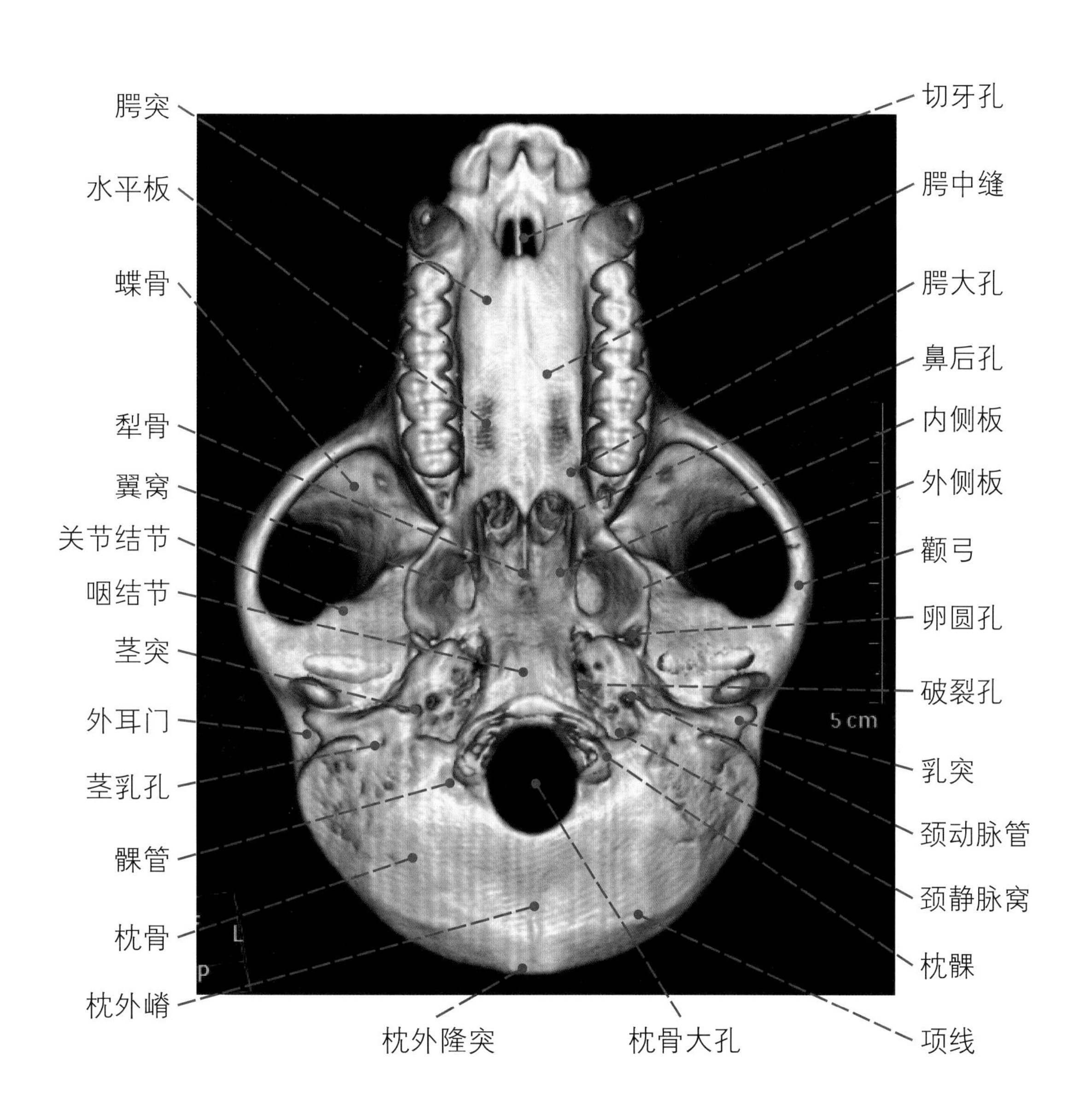

腭突
水平板
蝶骨
犁骨
翼窝
关节结节
咽结节
茎突
外耳门
茎乳孔
髁管
枕骨
枕外嵴
枕外隆突
枕骨大孔
切牙孔
腭中缝
腭大孔
鼻后孔
内侧板
外侧板
颧弓
卵圆孔
破裂孔
5 cm
乳突
颈动脉管
颈静脉窝
枕髁
项线

颅底外面观

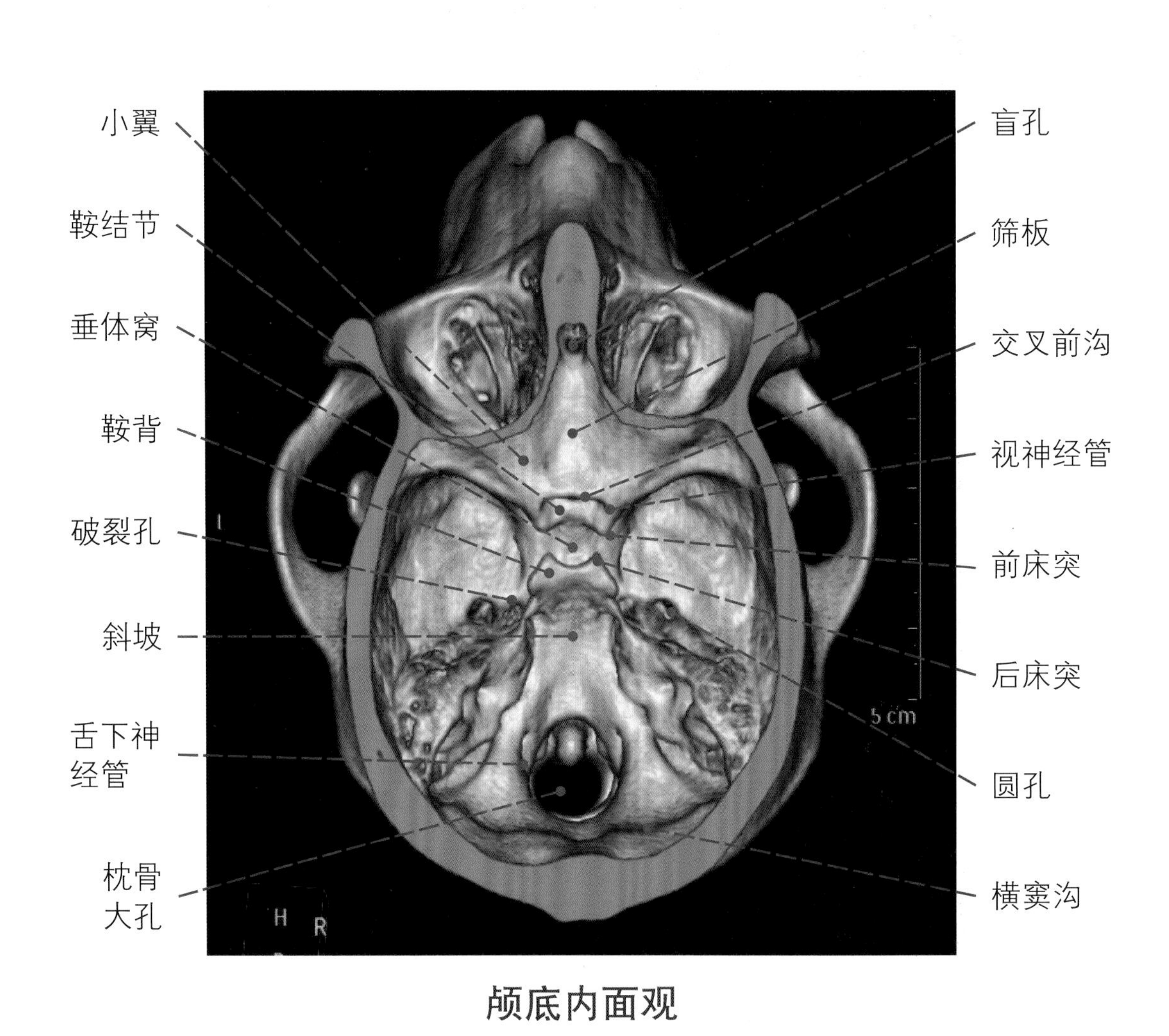
小翼
鞍结节
垂体窝
鞍背
破裂孔
斜坡
舌下神经管
枕骨大孔
盲孔
筛板
交叉前沟
视神经管
前床突
后床突
圆孔
横窦沟
5 cm
H
R

颅底内面观

下颌骨

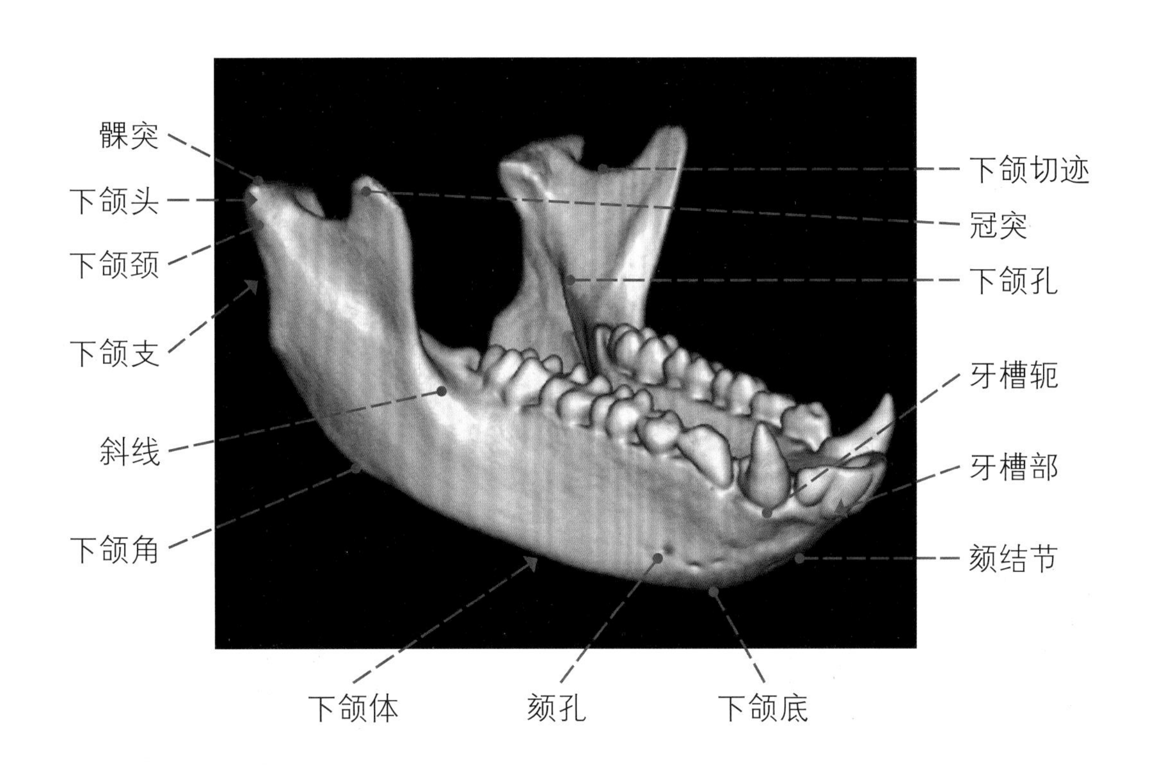
髁突
下颌头
下颌颈
下颌支
斜线
下颌角
下颌切迹
冠突
下颌孔
牙槽轭
牙槽部
颏结节
下颌体
颏孔
下颌底

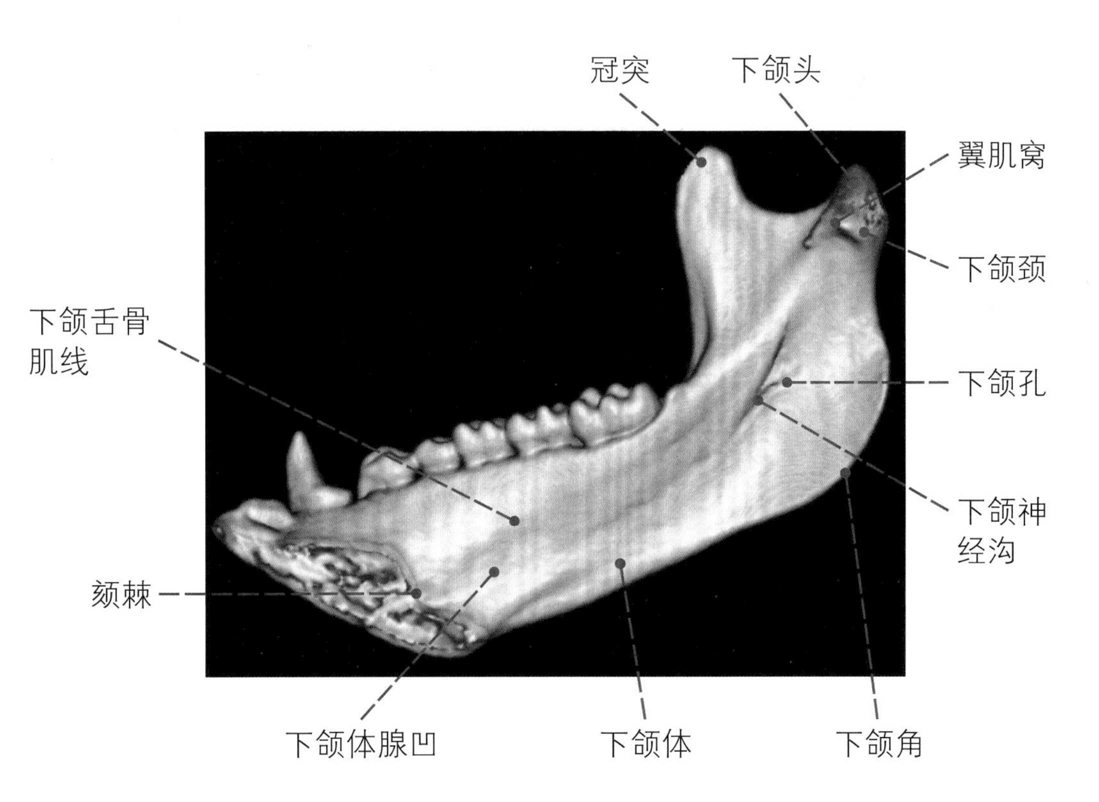
冠突
下颌头
翼肌窝
下颌颈
下颌舌骨
肌线
下颌孔
下颌神
经沟
颏棘
下颌体腺凹
下颌体
下颌角

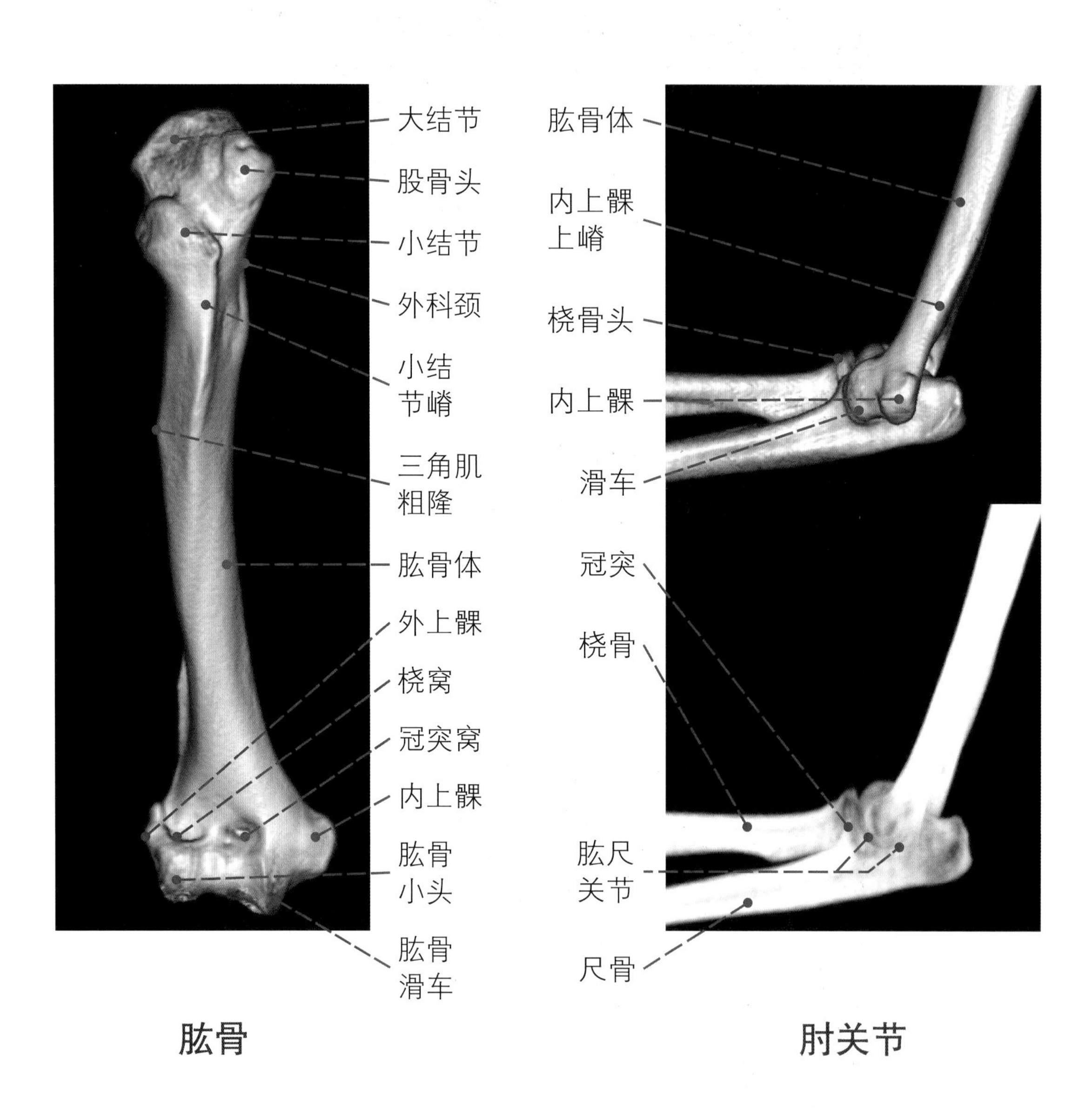

大结节
股骨头
小结节
外科颈
小结
节嵴
三角肌
粗隆
肱骨体
外上髁
桡窝
冠突窝
内上髁
肱骨
小头
肱骨
滑车
肱骨体
内上髁
上嵴
桡骨头
内上髁
滑车
冠突
桡骨
肱尺
关节
尺骨

肱骨　　　　肘关节

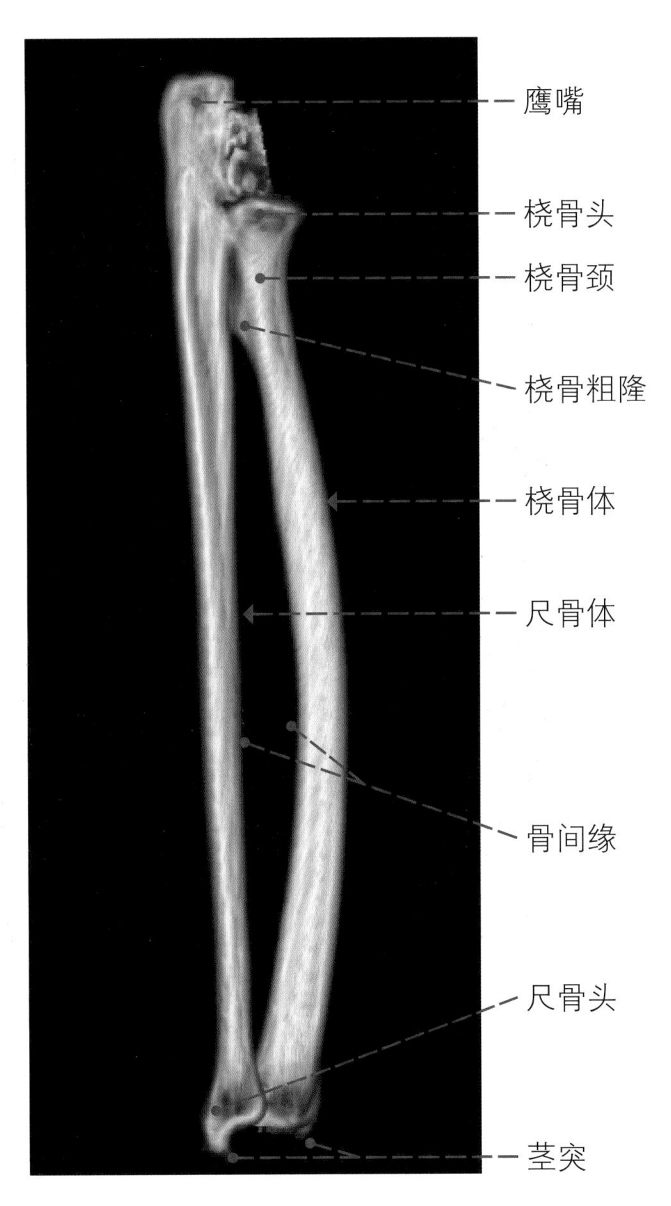
鹰嘴
桡骨头
桡骨颈
桡骨粗隆
桡骨体
尺骨体
骨间缘
尺骨头
茎突

尺桡骨

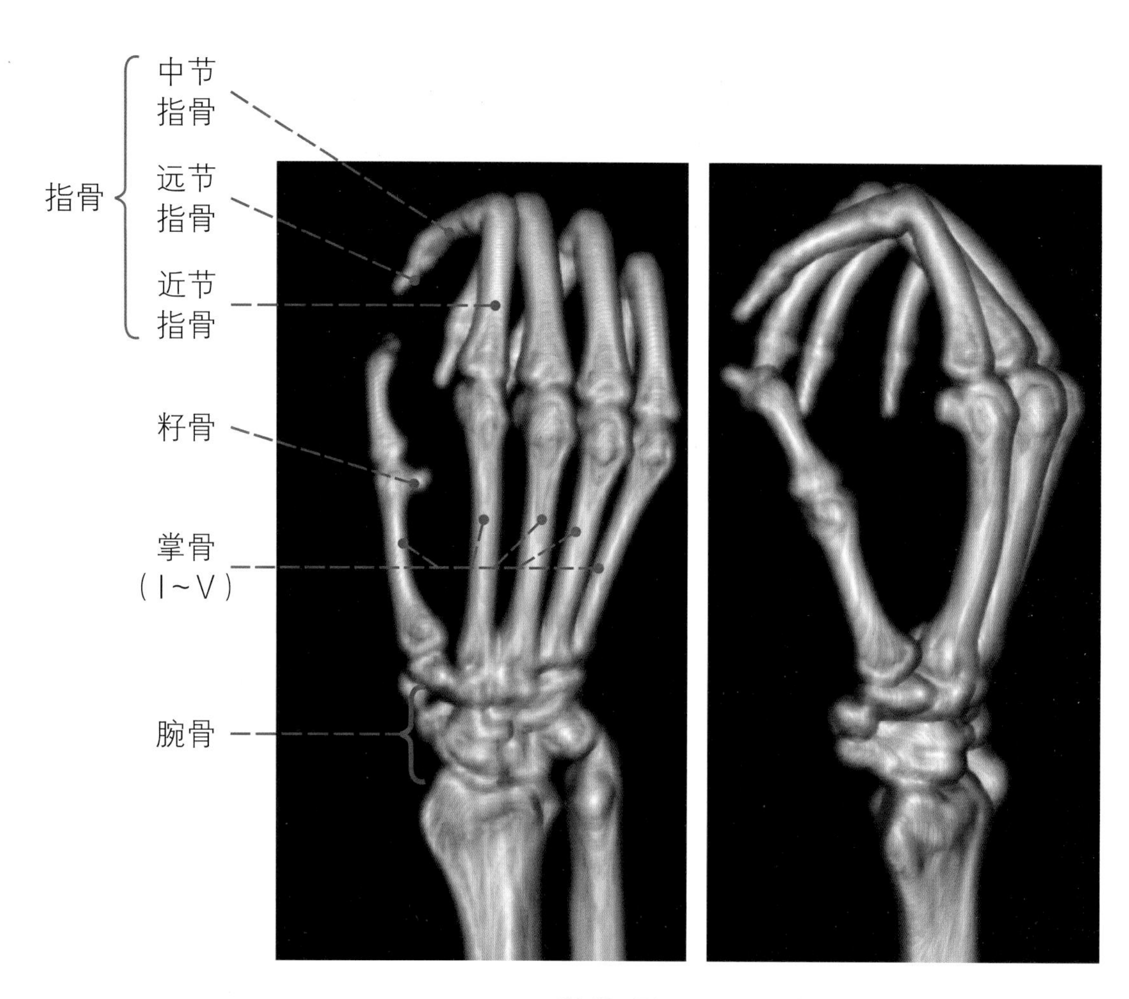
指骨
中节
指骨
远节
指骨
近节
指骨
籽骨
掌骨
（Ⅰ~Ⅴ）
腕骨

掌指骨及腕关节

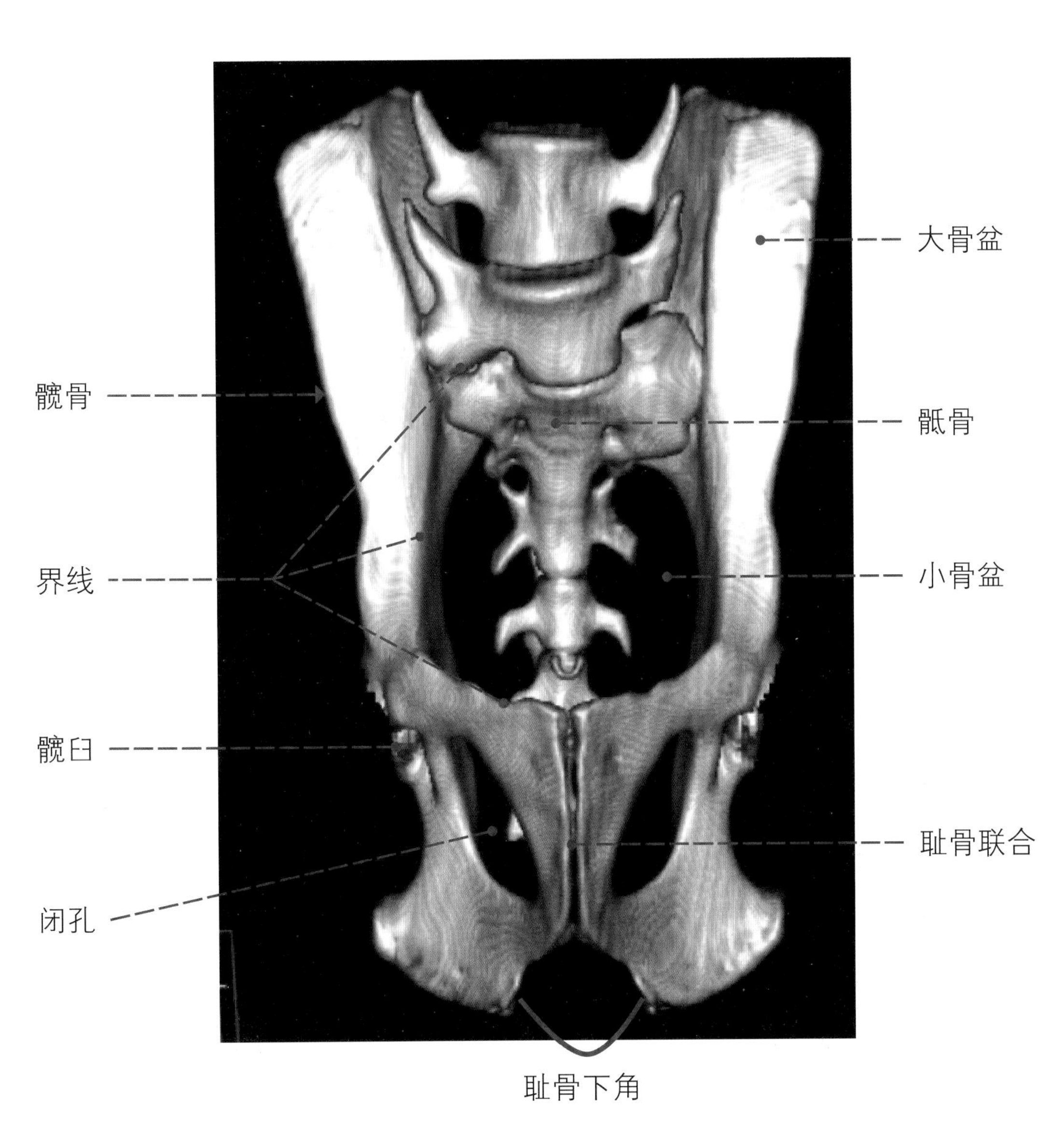
大骨盆
髋骨
骶骨
界线
小骨盆
髋臼
耻骨联合
闭孔
耻骨下角

骨盆前面观

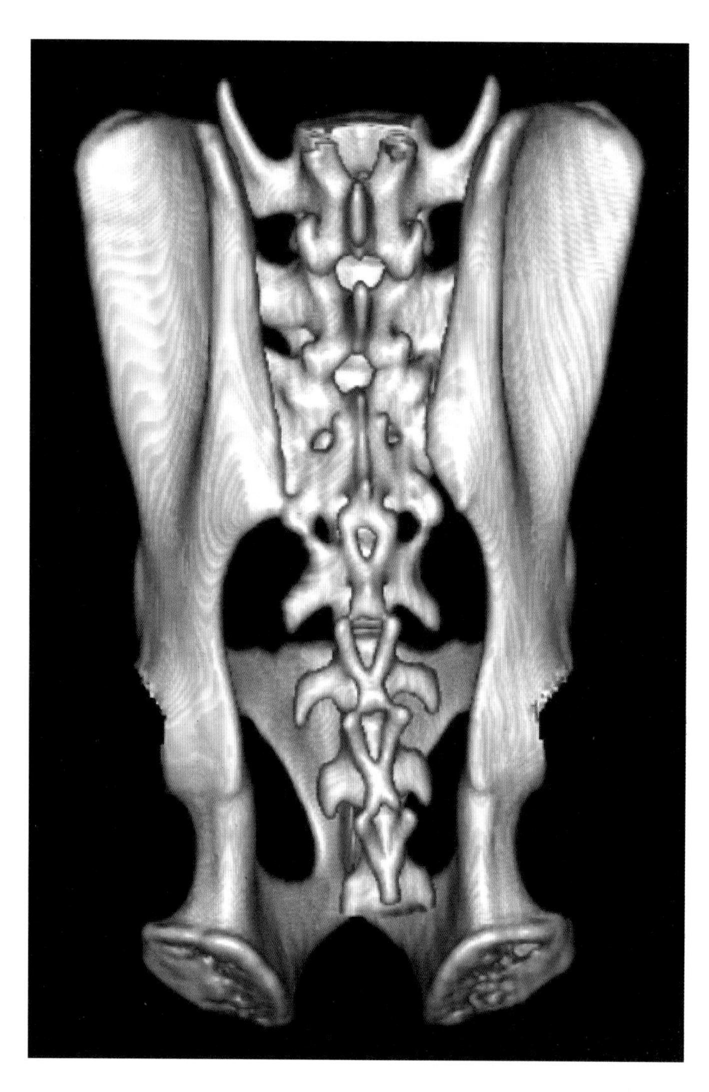

骨盆后面观

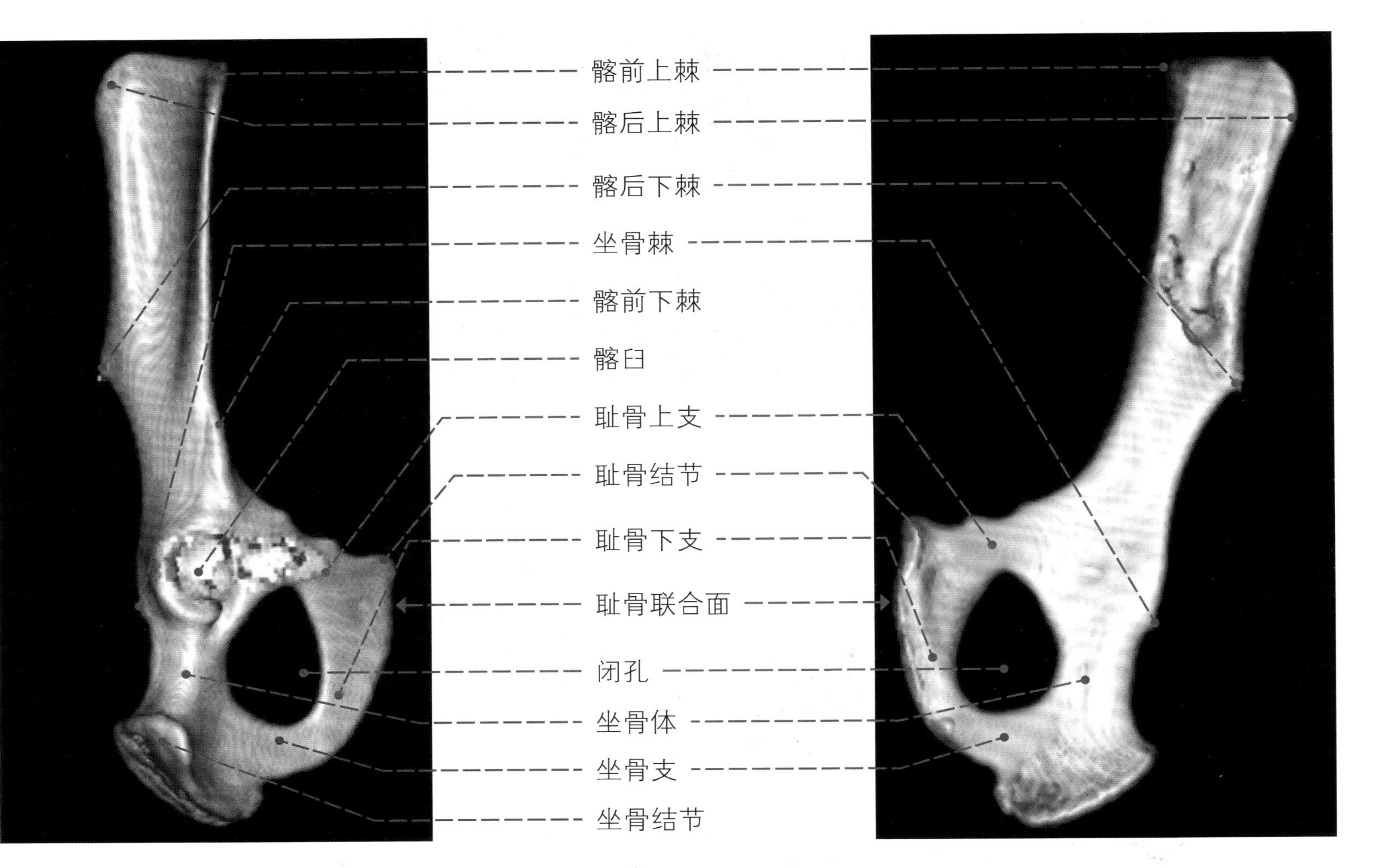

髂前上棘
髂后上棘
髂后下棘
坐骨棘
髂前下棘
髂臼
耻骨上支
耻骨结节
耻骨下支
耻骨联合面
闭孔
坐骨体
坐骨支
坐骨结节

髂骨外面观

髂骨内面观

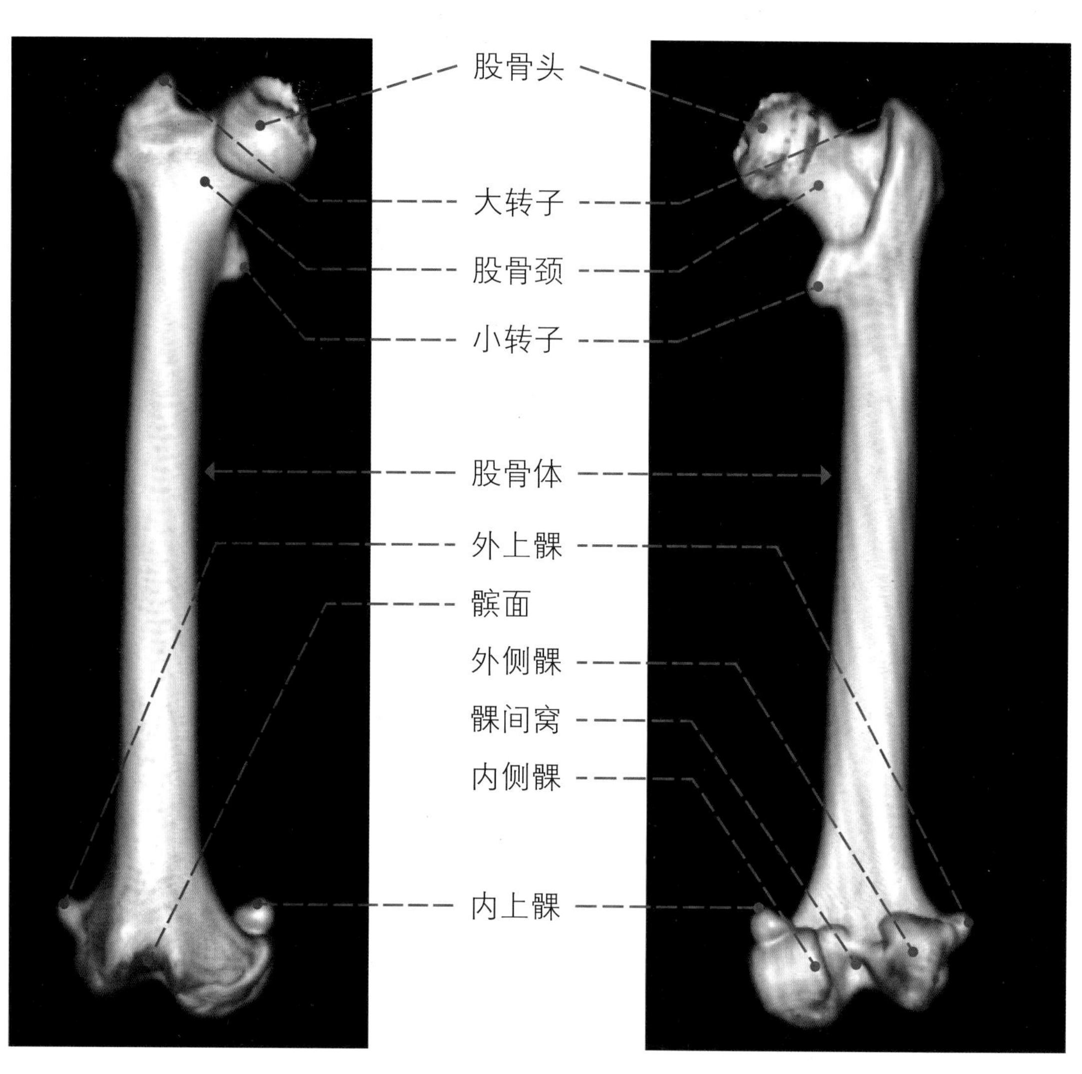
股骨头
大转子
股骨颈
小转子
股骨体
外上髁
髌面
外侧髁
髁间窝
内侧髁
内上髁

股骨前面观

股骨后面观

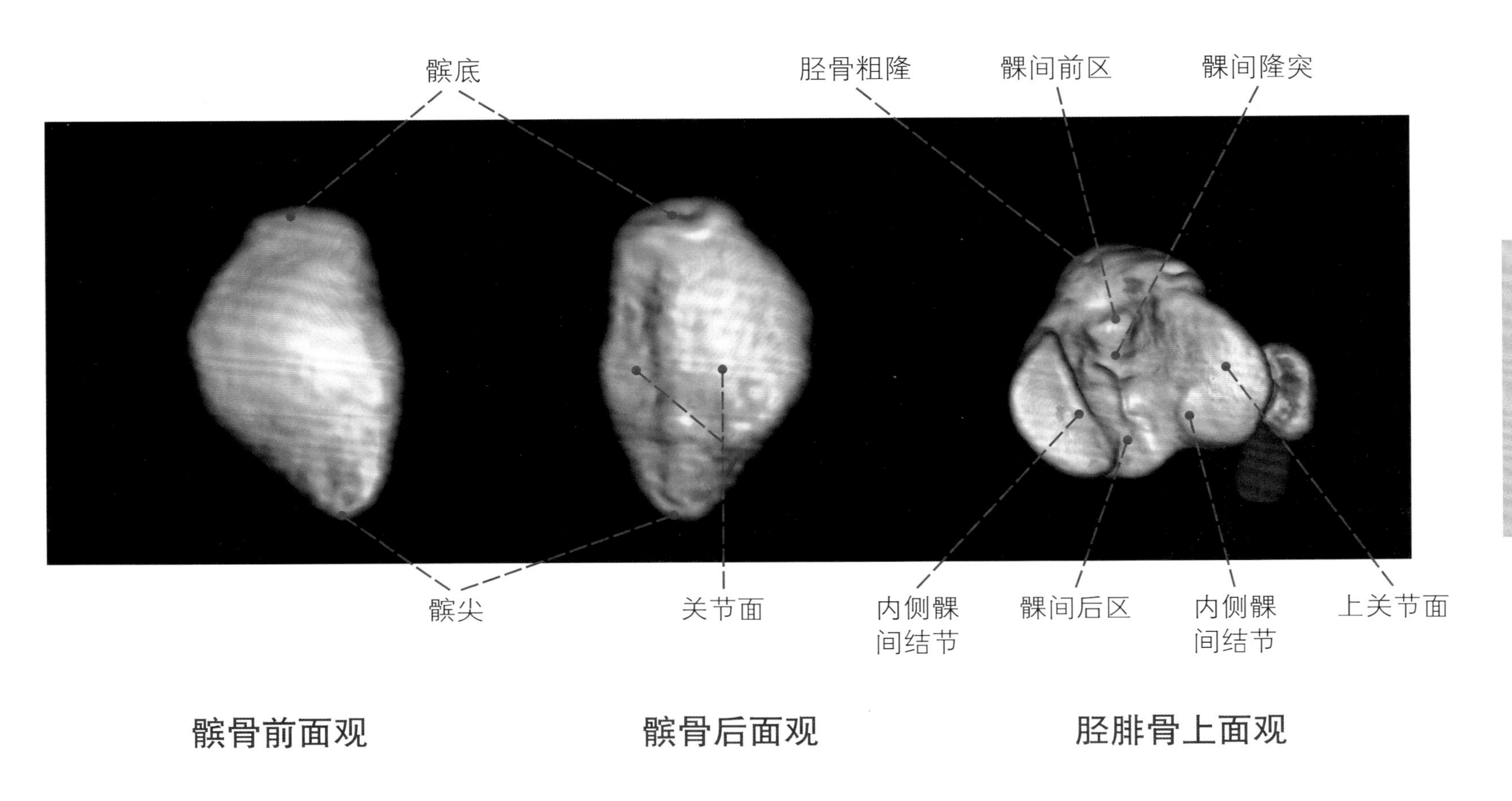

髌底
胫骨粗隆
髁间前区
髁间隆突
髌尖
关节面
内侧髁间结节
髁间后区
内侧髁间结节
上关节面

髌骨前面观

髌骨后面观

胫腓骨上面观

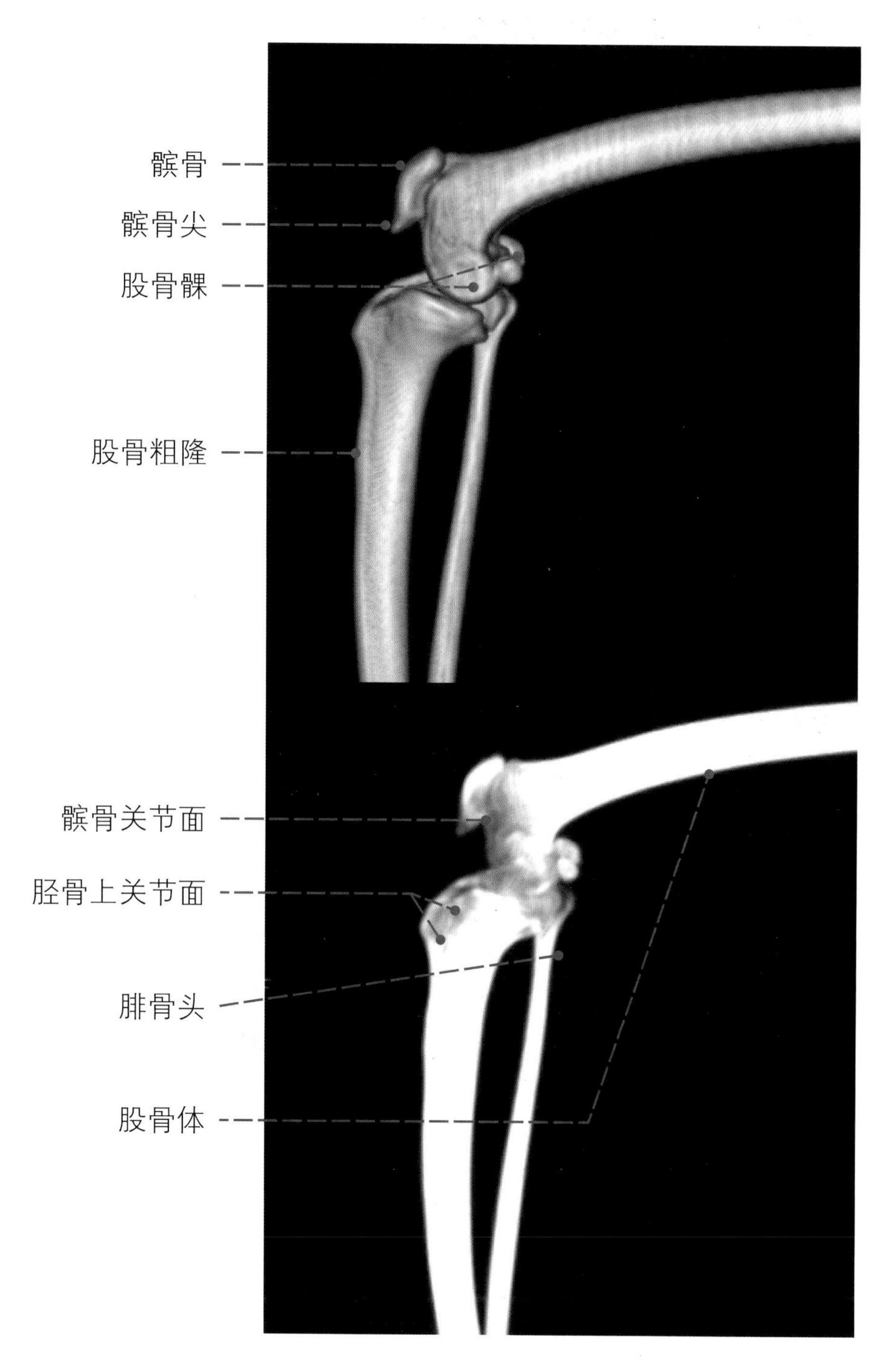
髌骨
髌骨尖
股骨髁
股骨粗隆
髌骨关节面
胫骨上关节面
腓骨头
股骨体

膝关节侧位

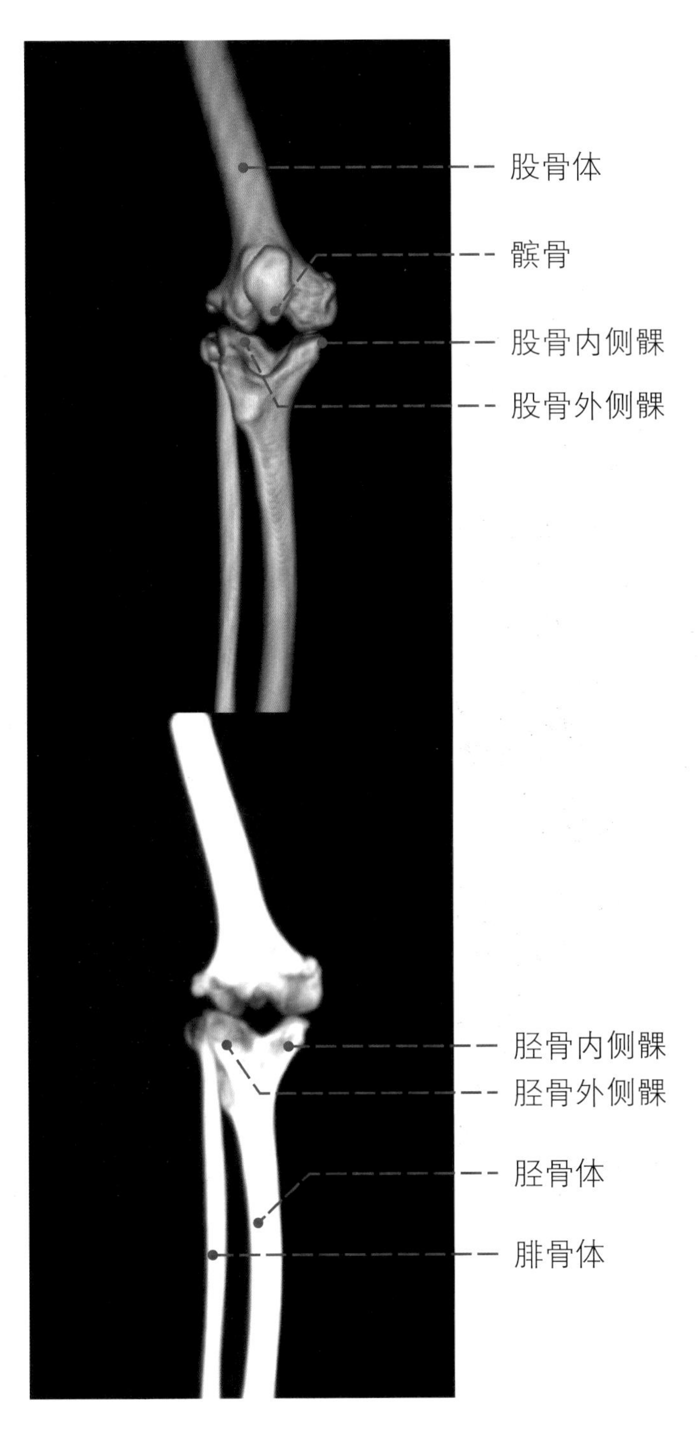
股骨体
髌骨
股骨内侧髁
股骨外侧髁
胫骨内侧髁
胫骨外侧髁
胫骨体
腓骨体

膝关节正位

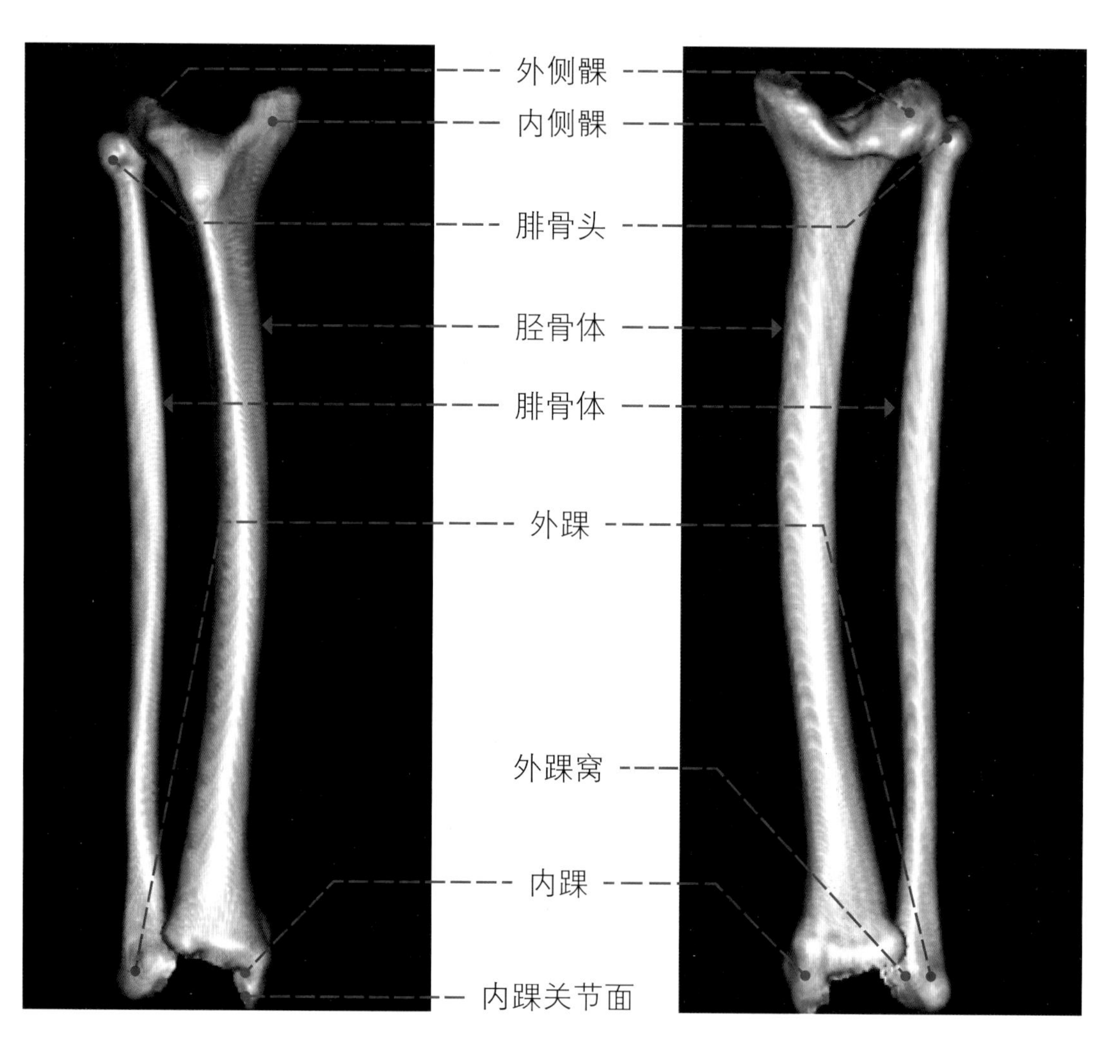
外侧髁
内侧髁
腓骨头
胫骨体
腓骨体
外踝
外踝窝
内踝
内踝关节面

胫腓骨前面观

胫腓骨后面观

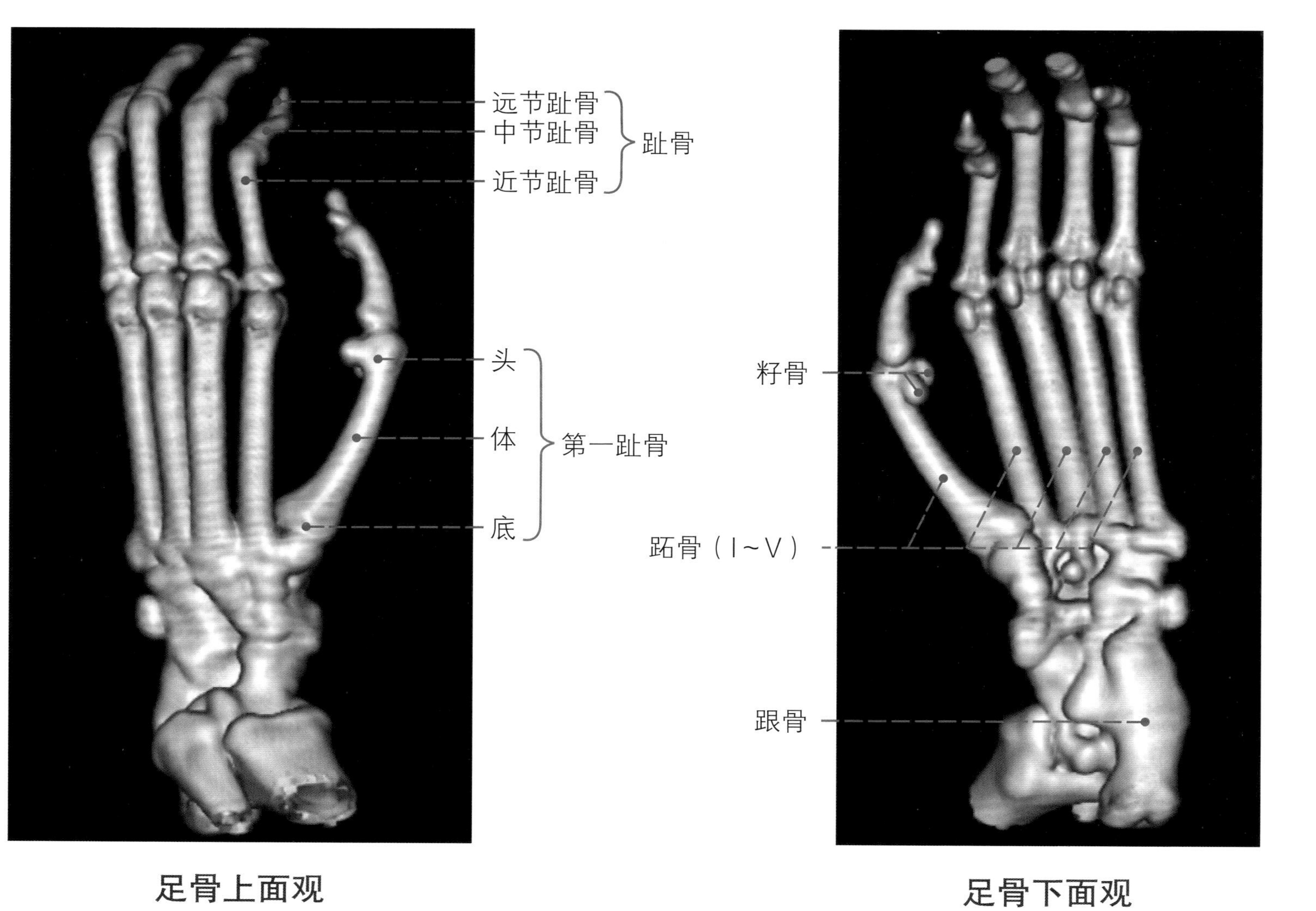
远节趾骨
中节趾骨
近节趾骨
趾骨
头
体
底
第一趾骨
籽骨
跖骨（Ⅰ~Ⅴ）
跟骨

足骨上面观

足骨下面观

头颈部层面图

以下图片是 CT 扫描代表性层面图。

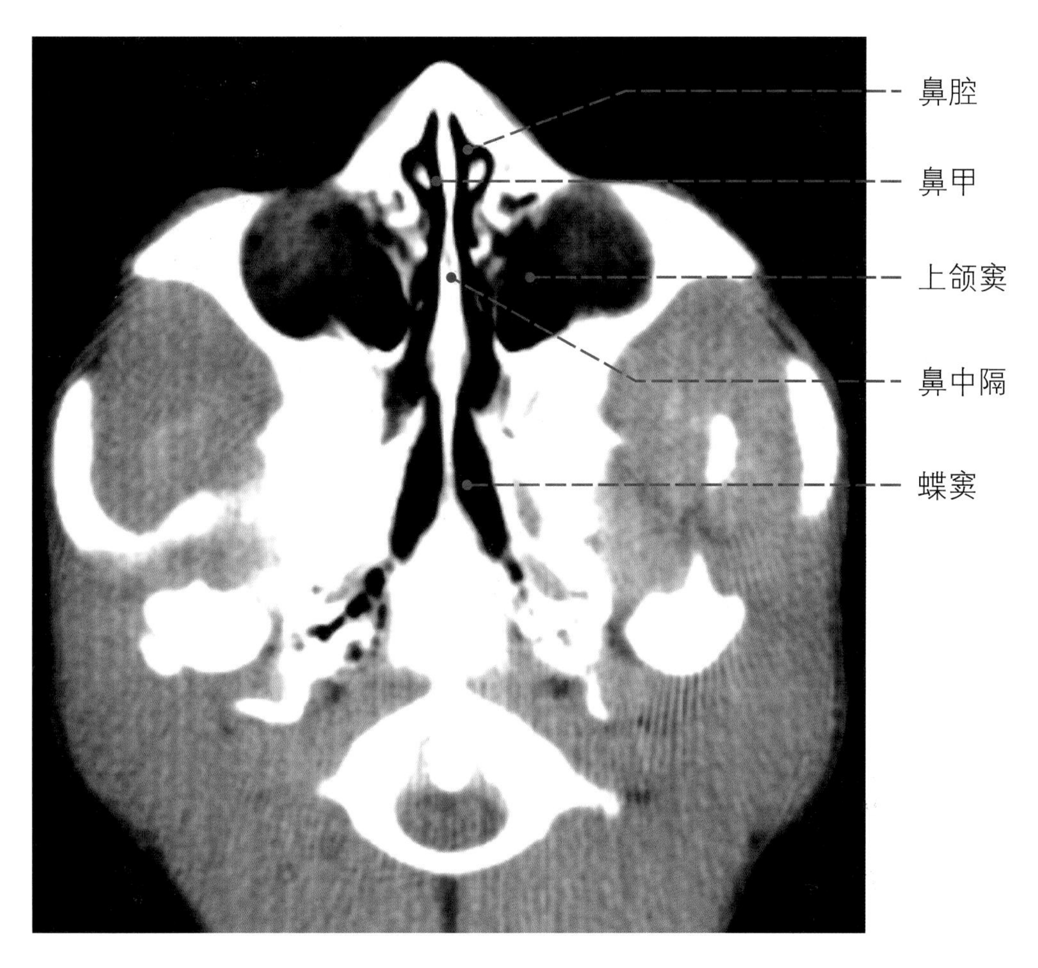
鼻腔
鼻甲
上颌窦
鼻中隔
蝶窦

鼻窦

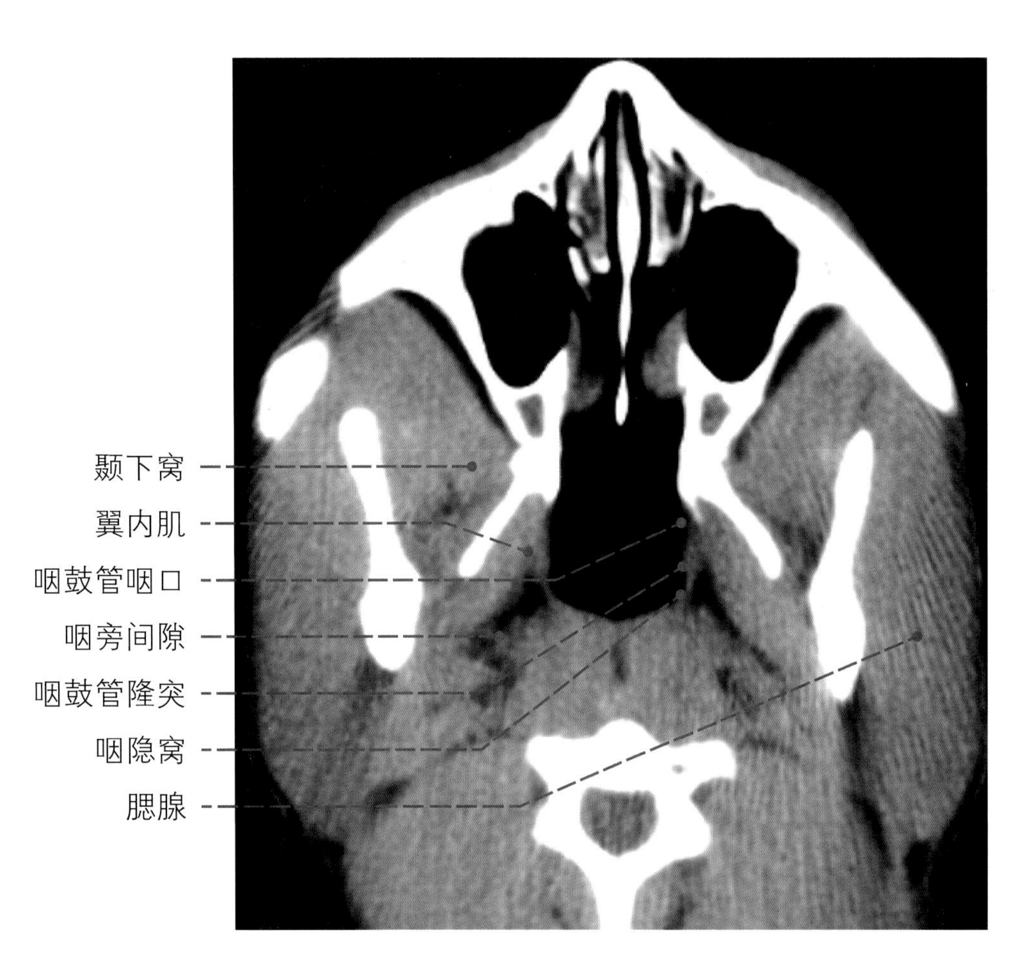
颞下窝
翼内肌
咽鼓管咽口
咽旁间隙
咽鼓管隆突
咽隐窝
腮腺

鼻咽部

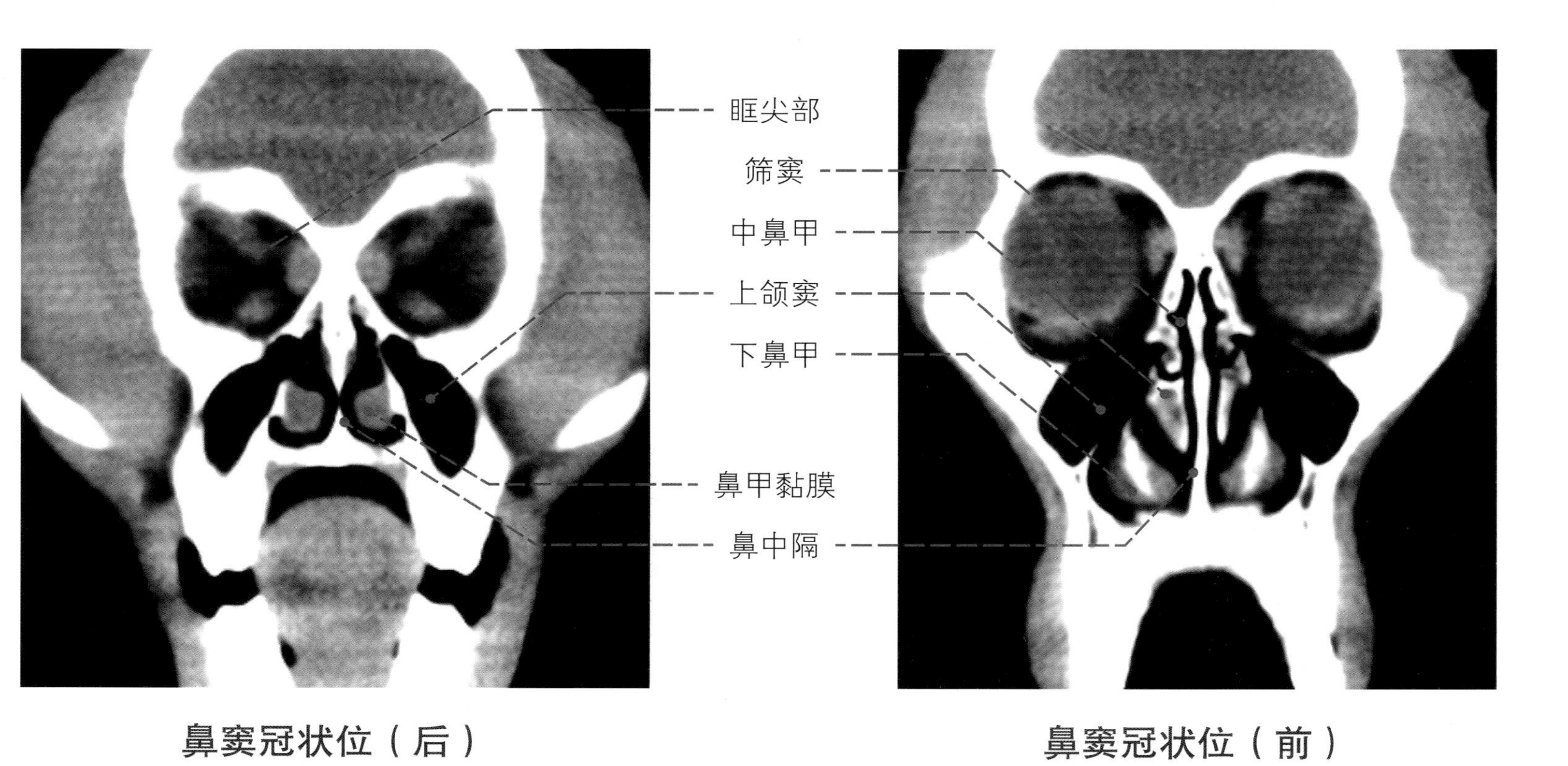
眶尖部
筛窦
中鼻甲
上颌窦
下鼻甲
鼻甲黏膜
鼻中隔

鼻窦冠状位（后）

鼻窦冠状位（前）

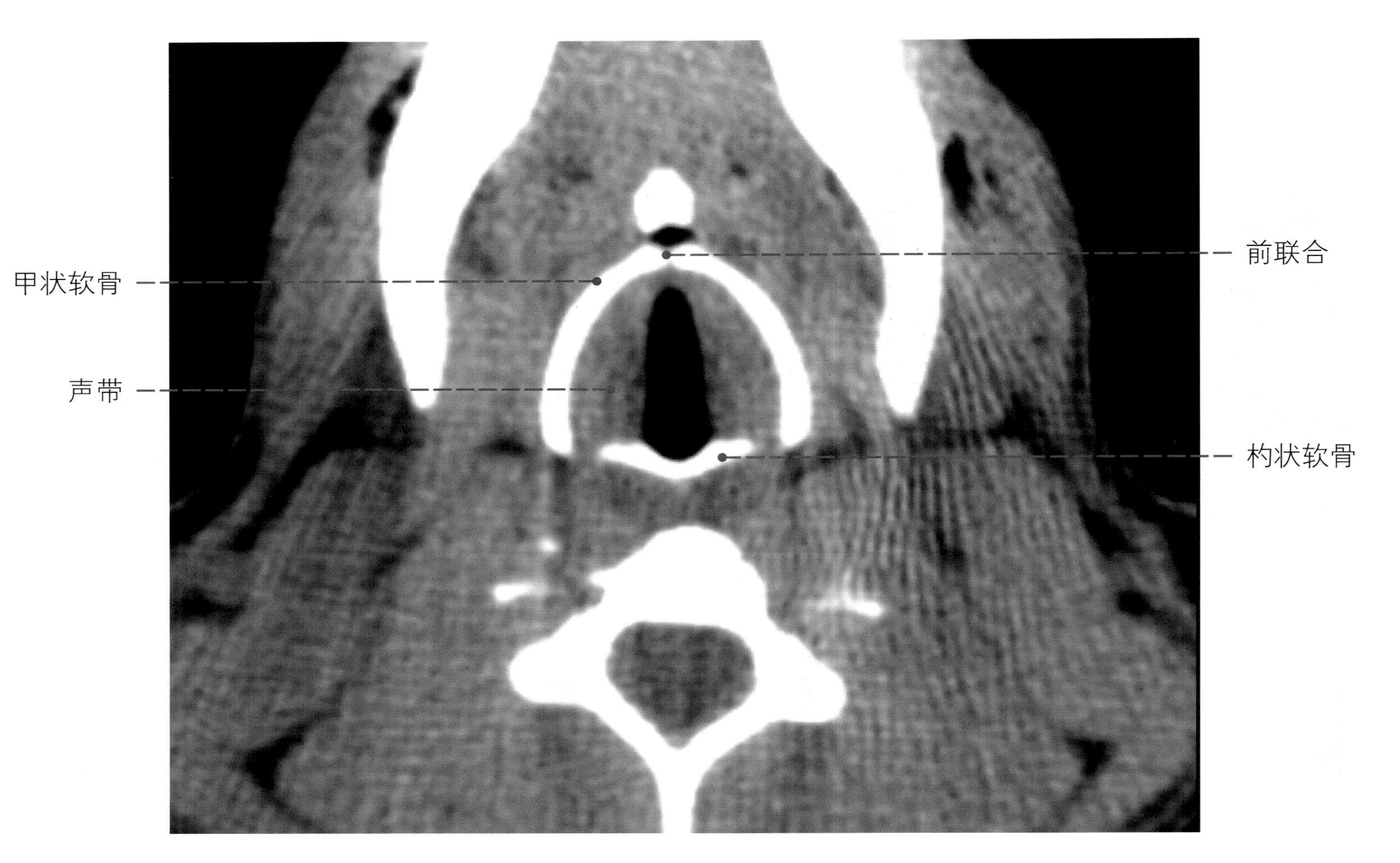

甲状软骨
声带
前联合
杓状软骨

声门区层面（真声带平面）

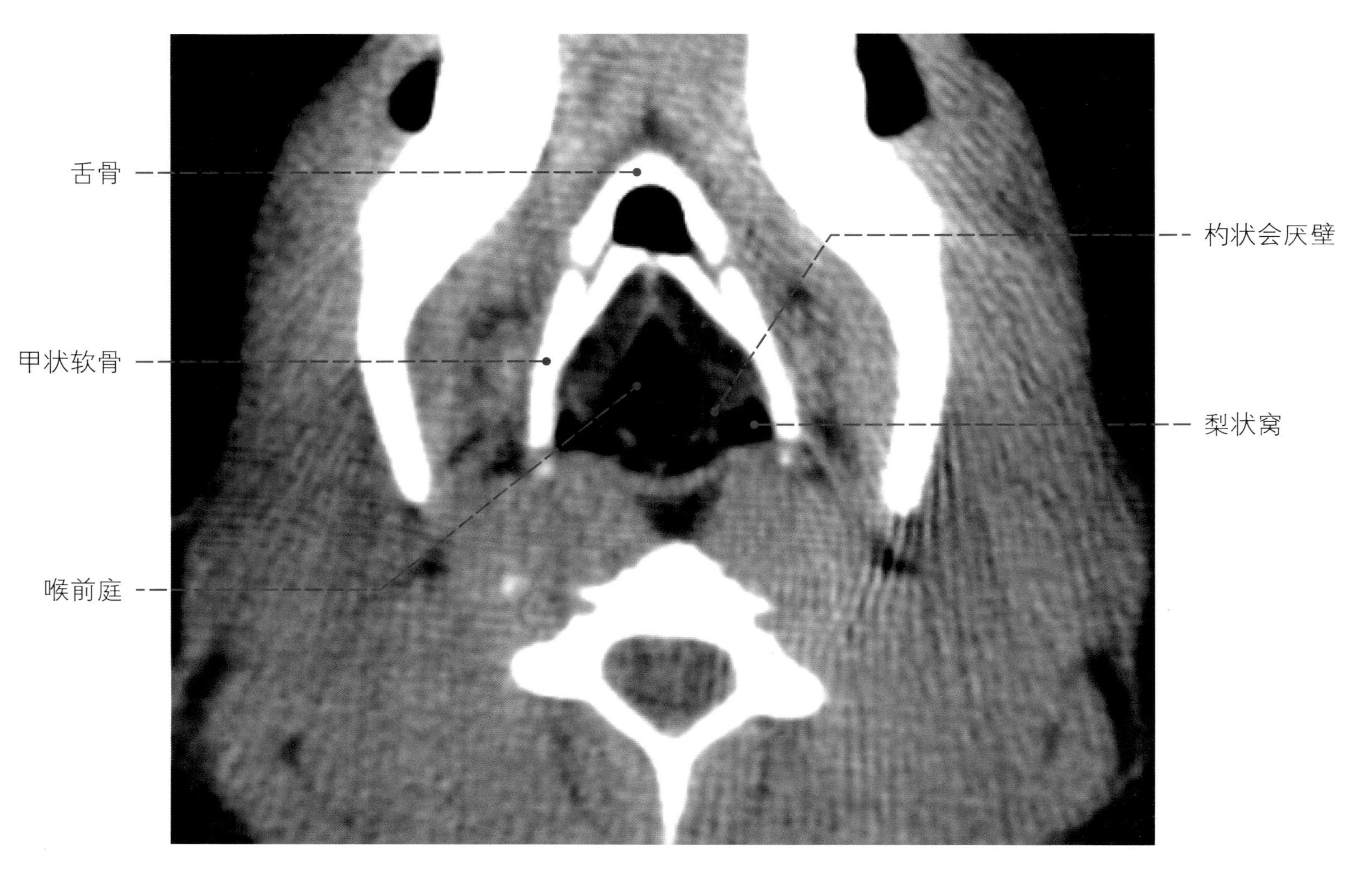
舌骨
甲状软骨
喉前庭
杓状会厌壁
梨状窝

声门上区层面（喉前庭平面）

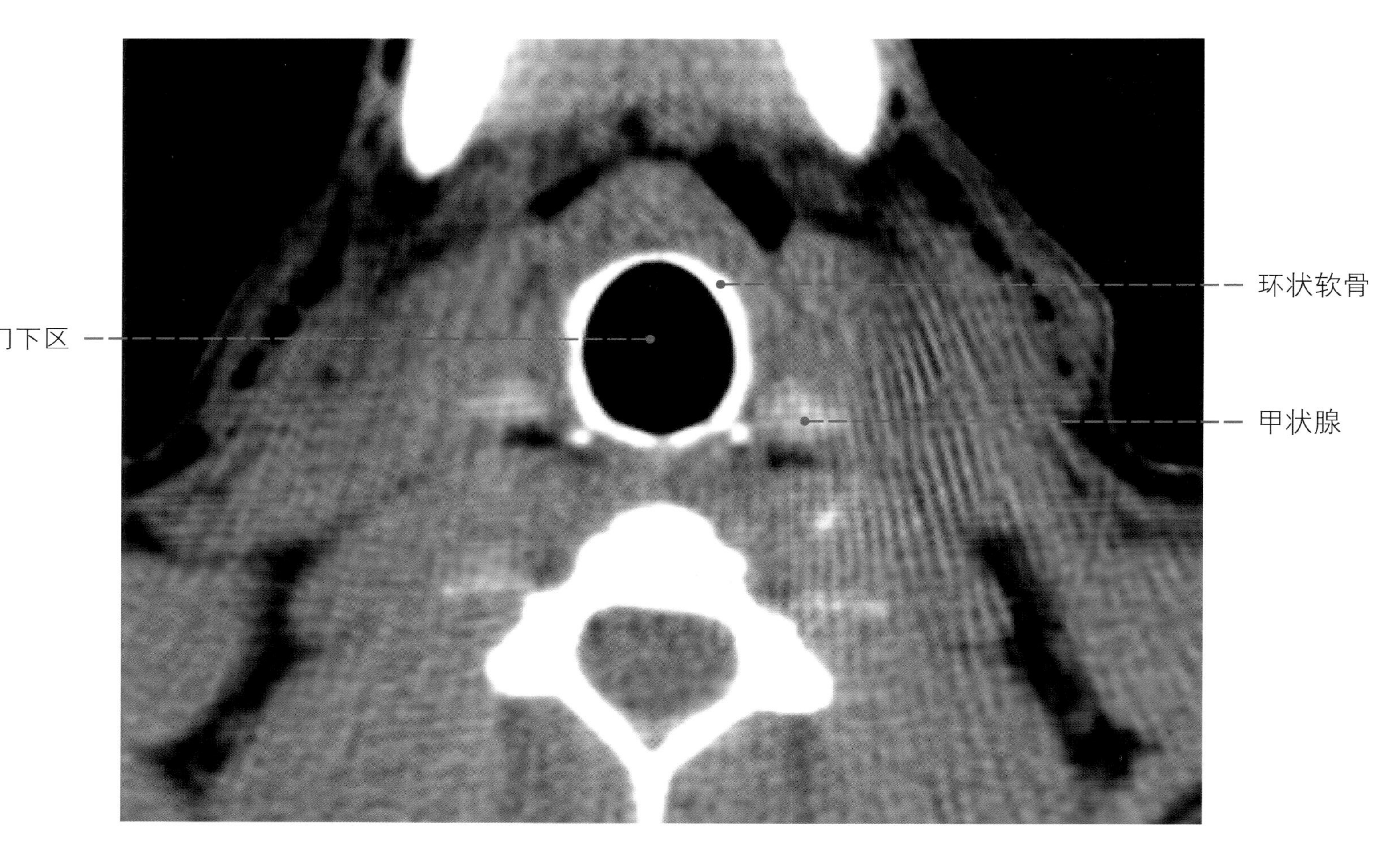
环状软骨
声门下区
甲状腺

声门下区层面

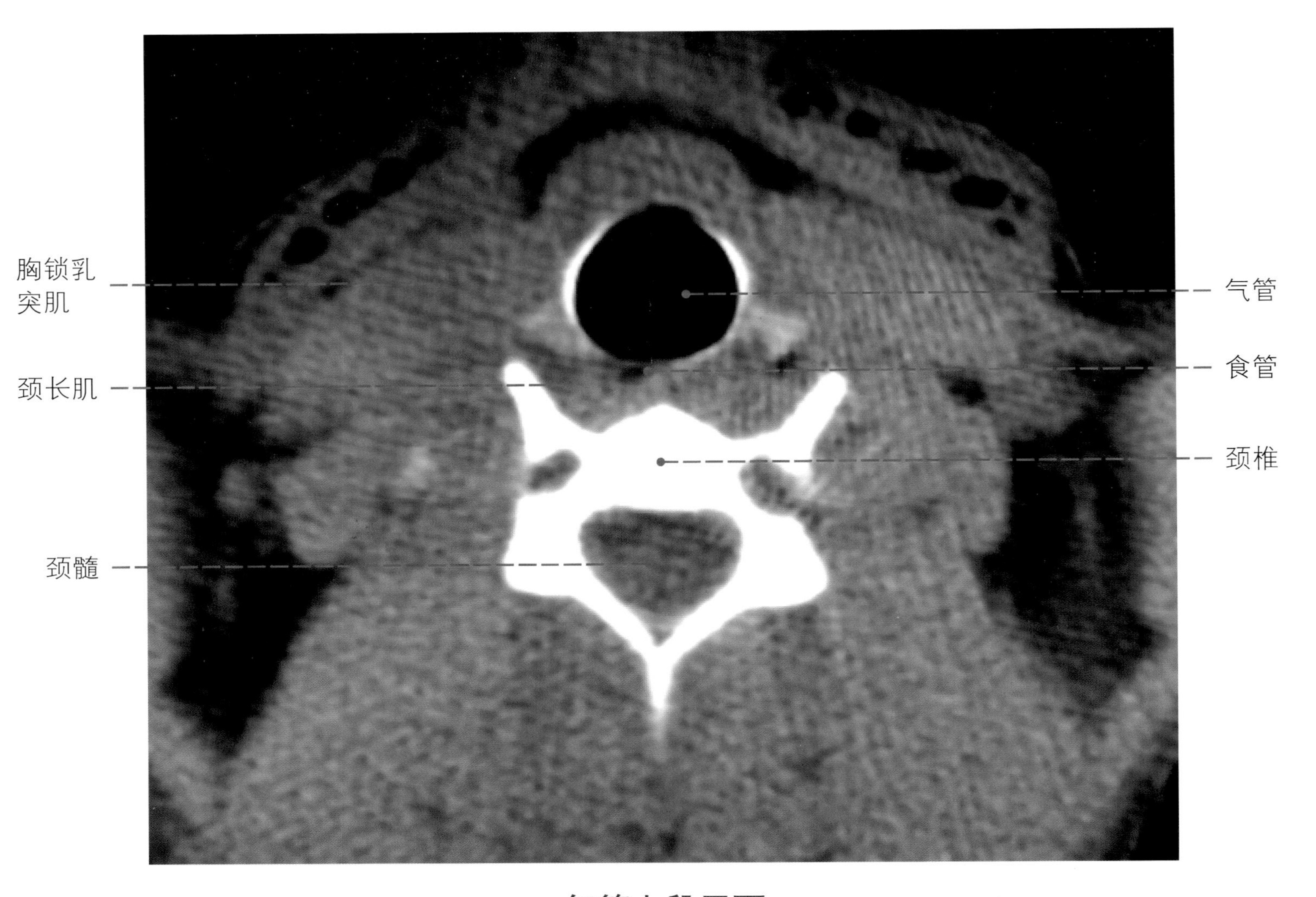

胸锁乳突肌
颈长肌
颈髓
气管
食管
颈椎

气管上段层面

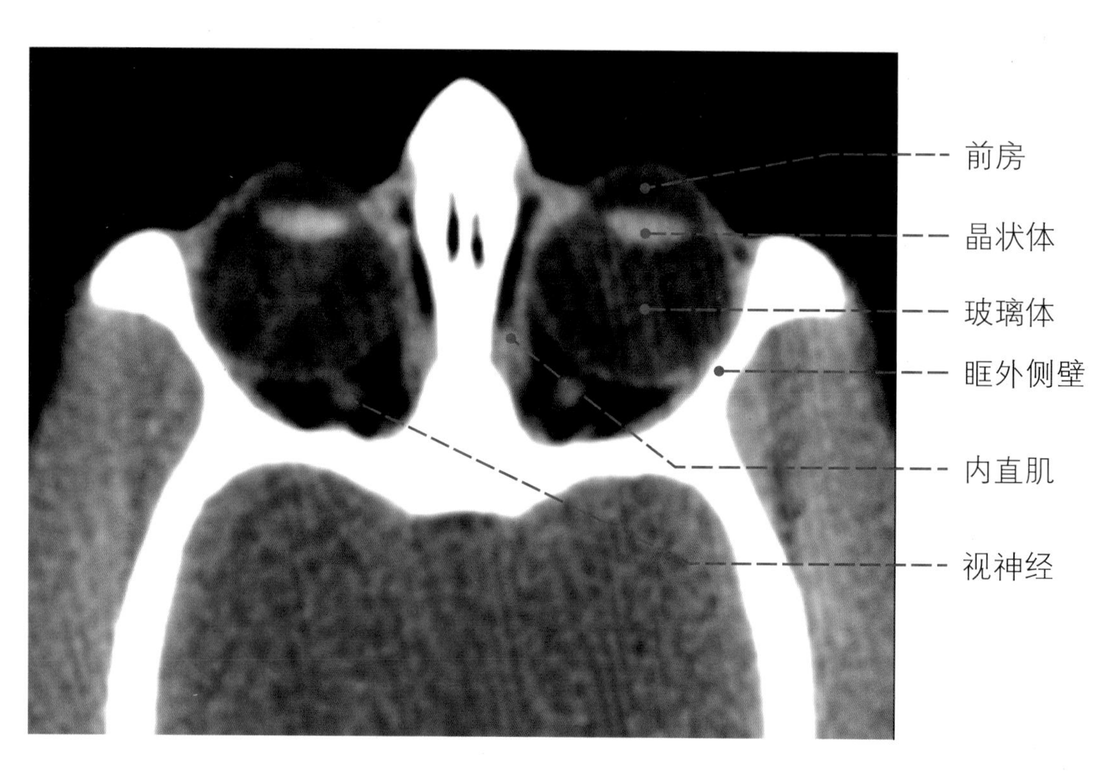
前房
晶状体
玻璃体
眶外侧壁
内直肌
视神经

晶状体层面

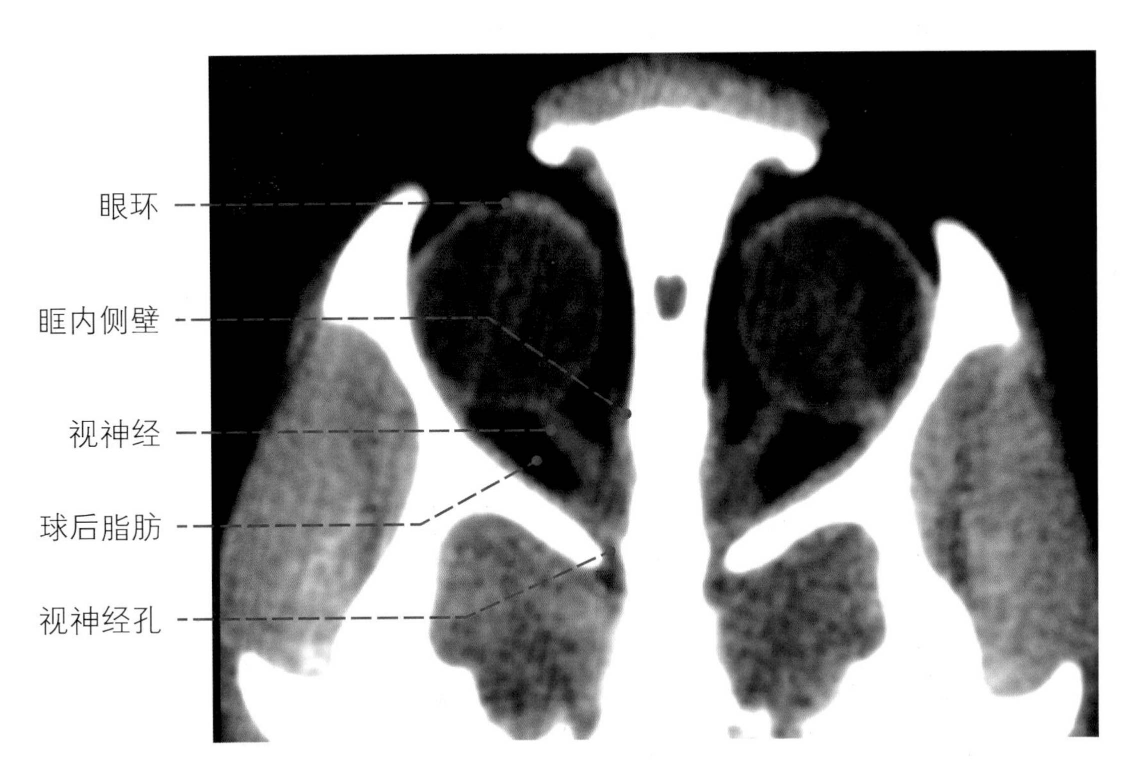
眼环
眶内侧壁
视神经
球后脂肪
视神经孔

视神经层面

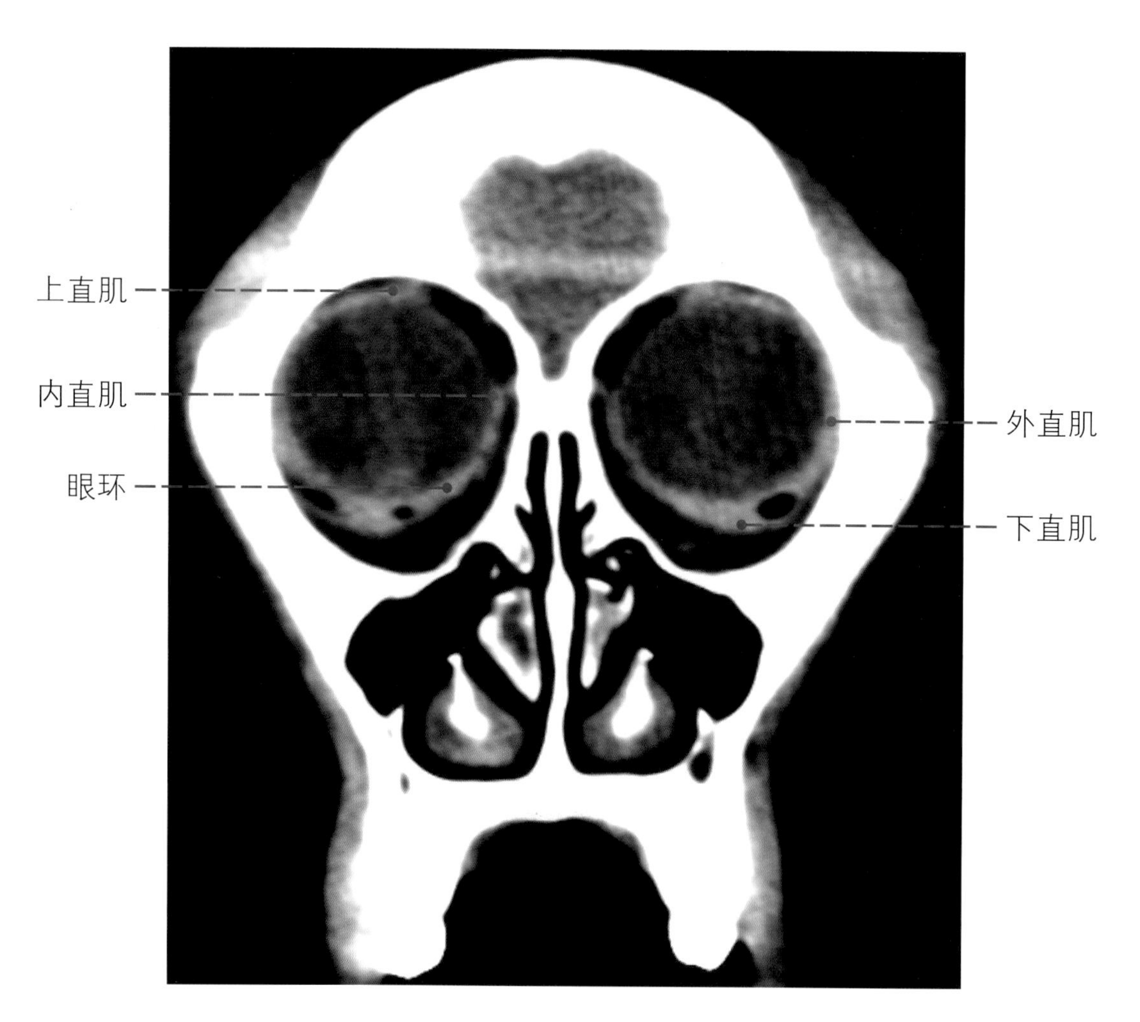
上直肌
内直肌
眼环
外直肌
下直肌

眶前层面

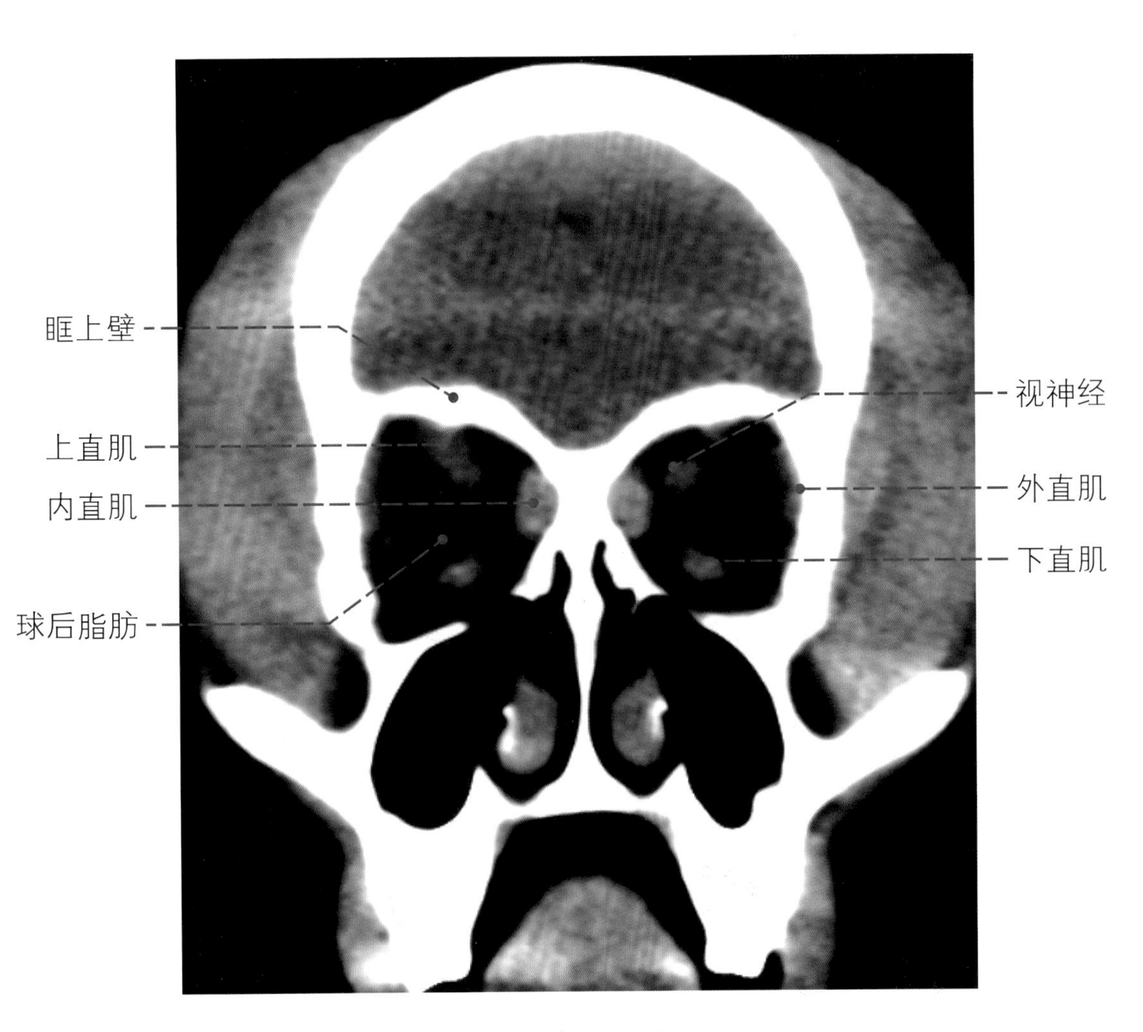
眶上壁
上直肌
内直肌
球后脂肪
视神经
外直肌
下直肌

眶中层面

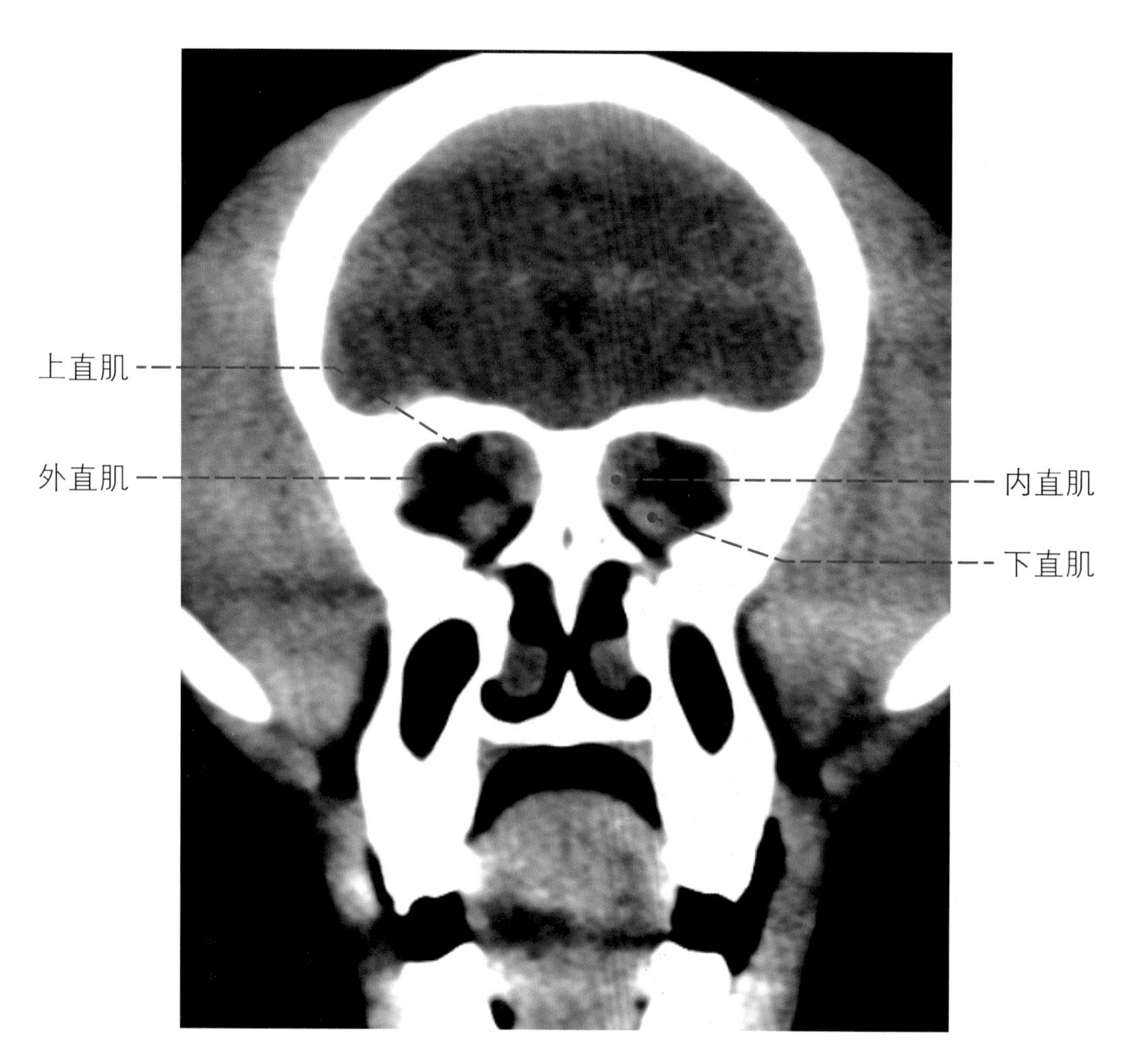
上直肌
外直肌
内直肌
下直肌

眼眶尖层面

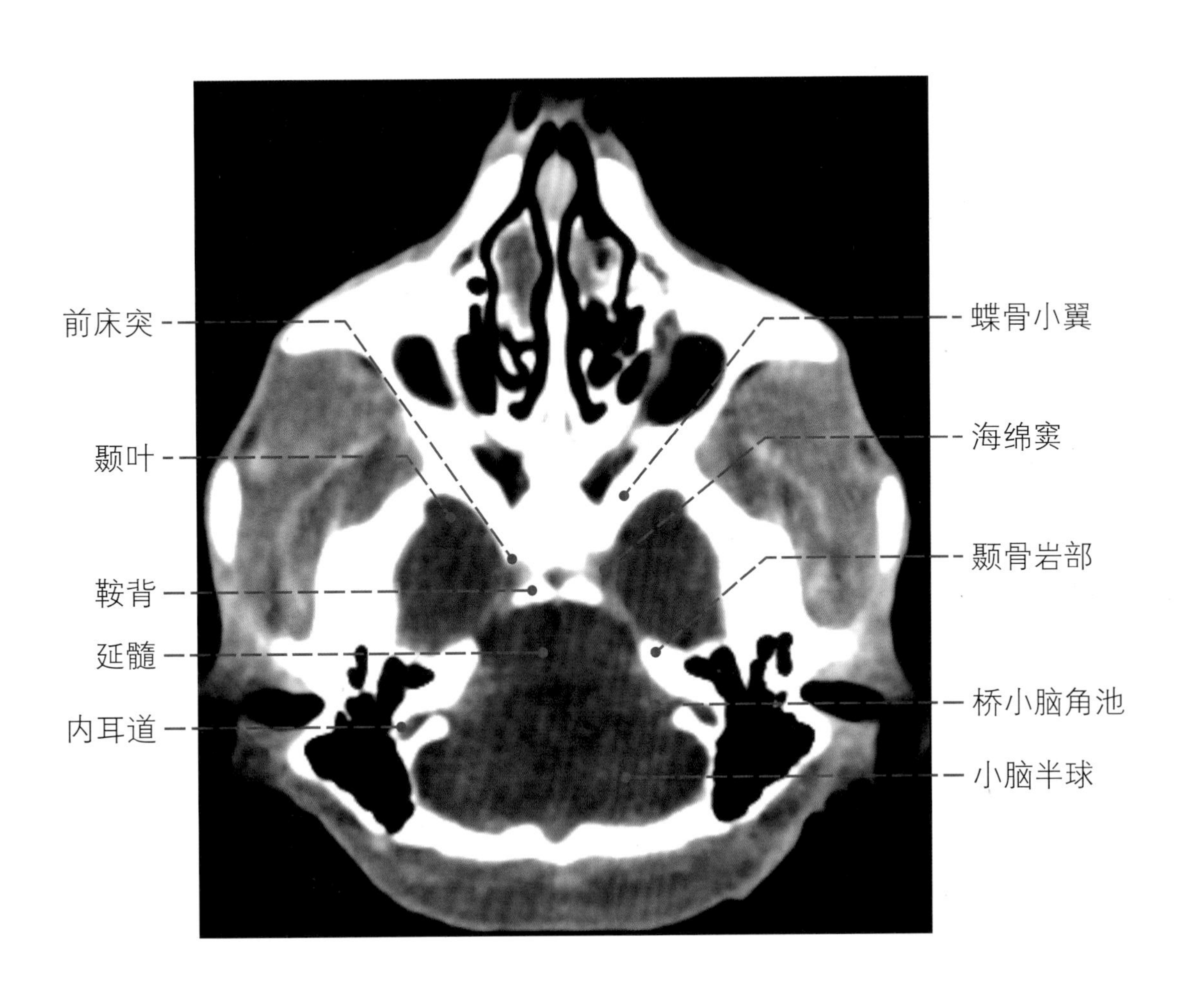
前床突
颞叶
鞍背
延髓
内耳道
蝶骨小翼
海绵窦
颞骨岩部
桥小脑角池
小脑半球

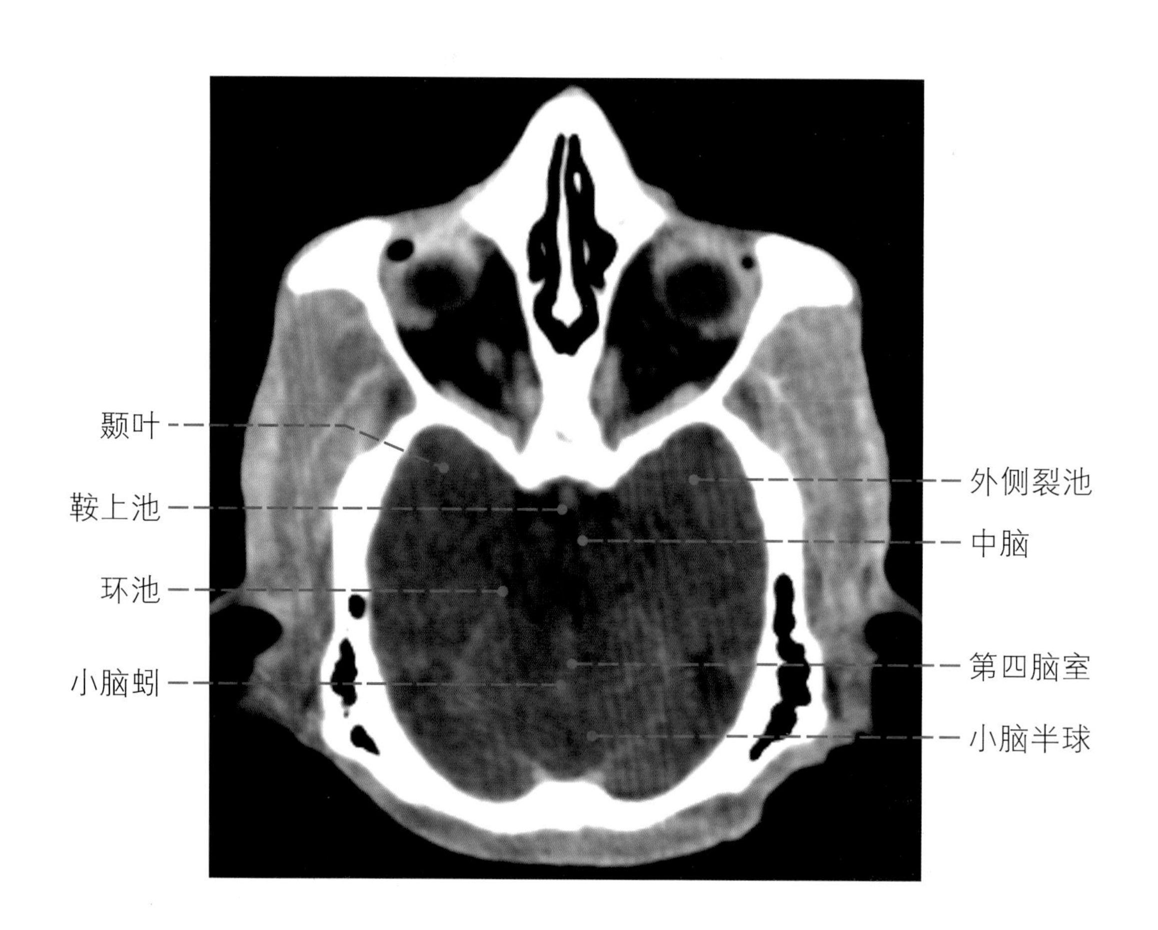
颞叶
鞍上池
环池
小脑蚓
外侧裂池
中脑
第四脑室
小脑半球

第三脑室层面

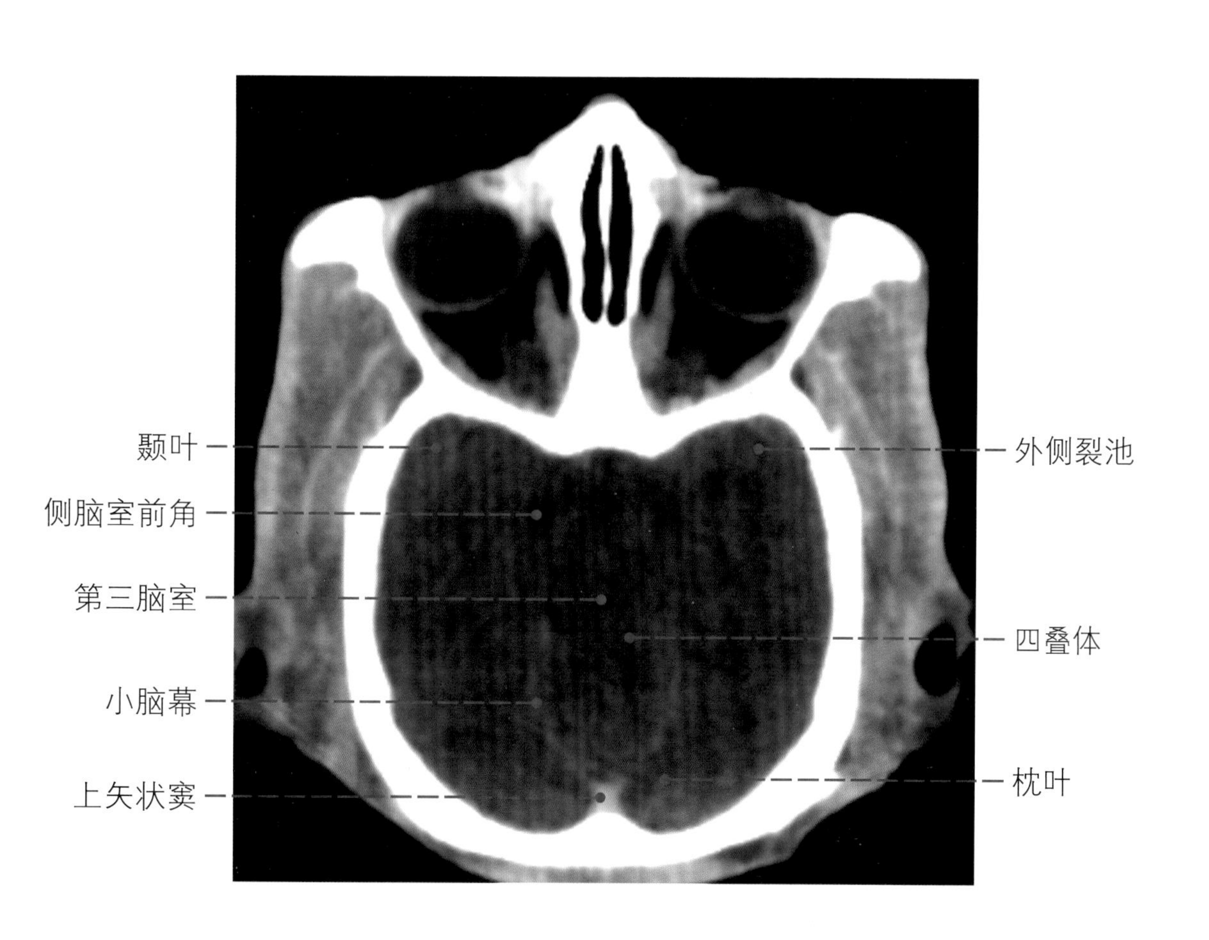

颞叶
侧脑室前角
第三脑室
小脑幕
上矢状窦
外侧裂池
四叠体
枕叶

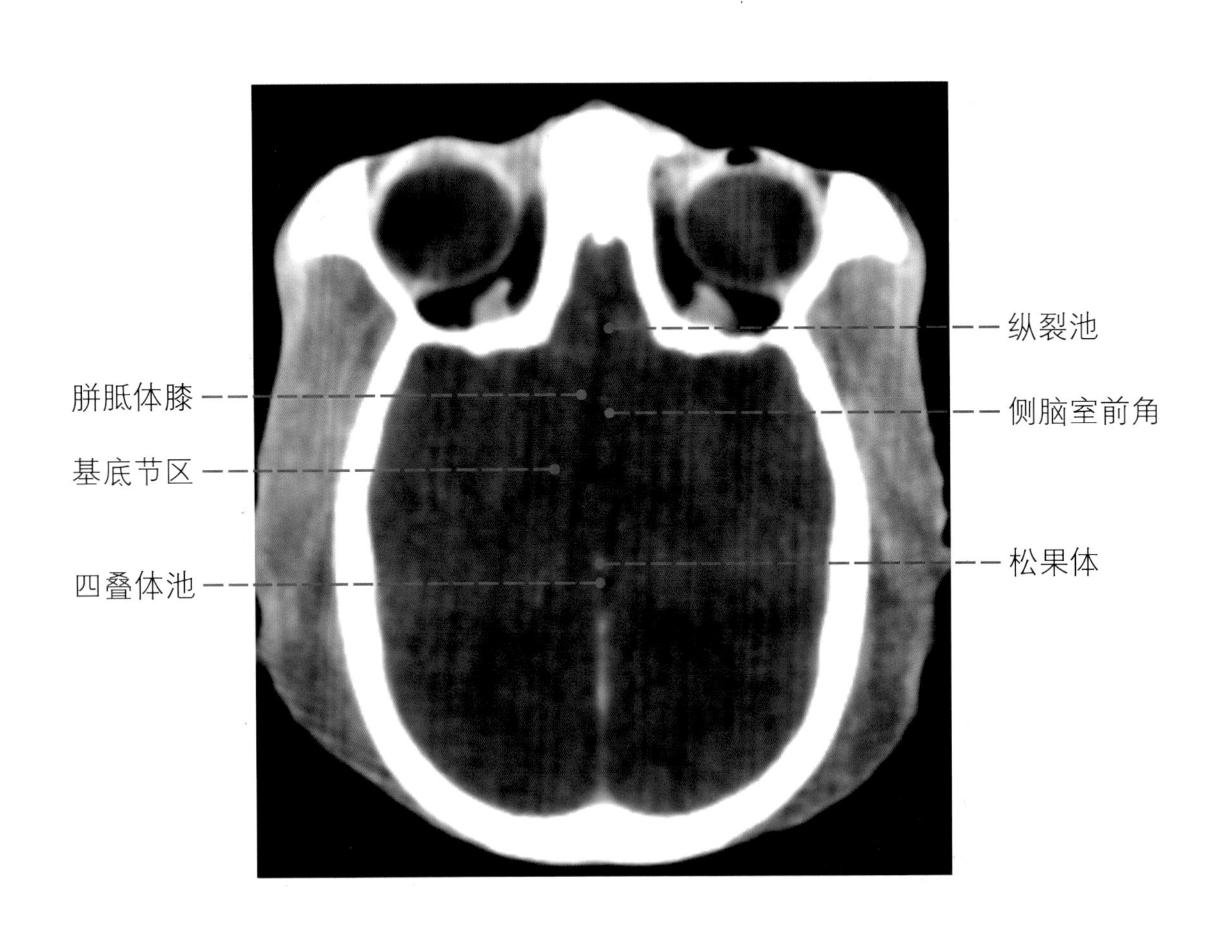
纵裂池
胼胝体膝
侧脑室前角
基底节区
松果体
四叠体池

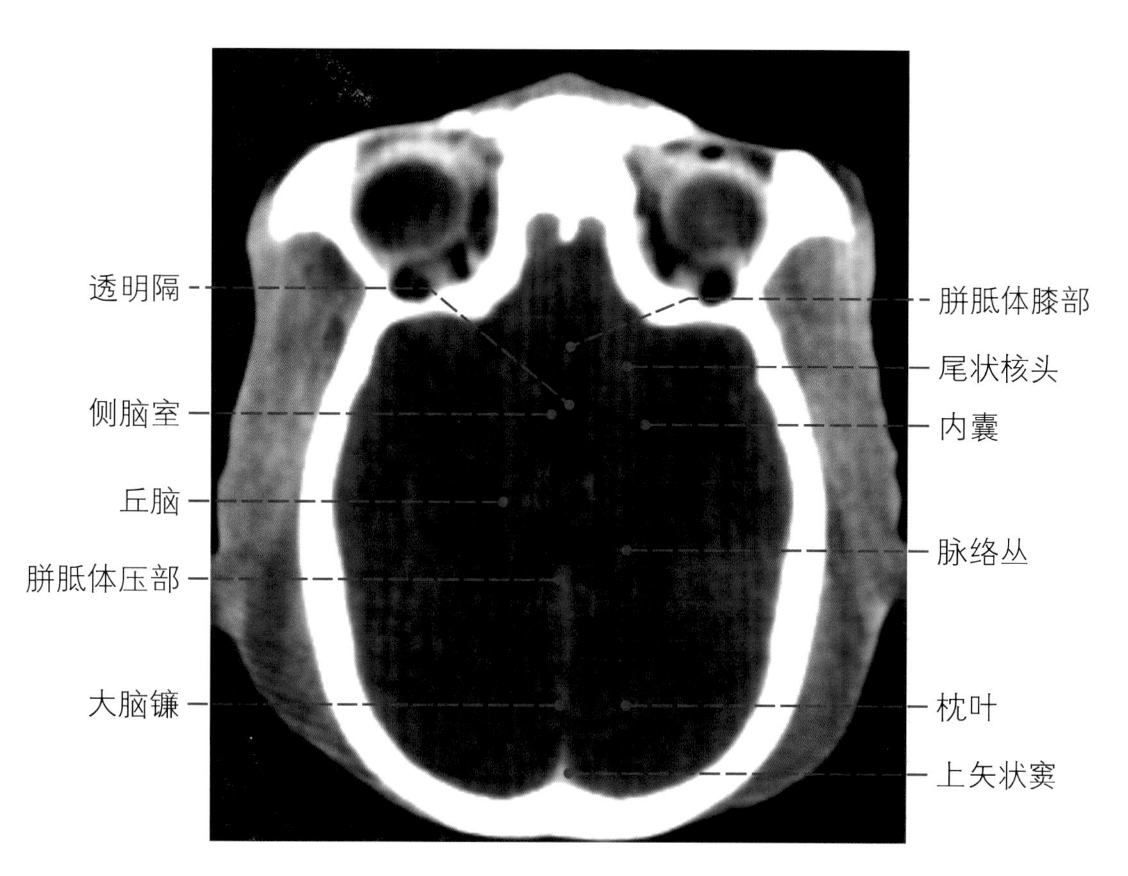
透明隔
侧脑室
丘脑
胼胝体压部
大脑镰
胼胝体膝部
尾状核头
内囊
脉络丛
枕叶
上矢状窦

侧脑室体部层面

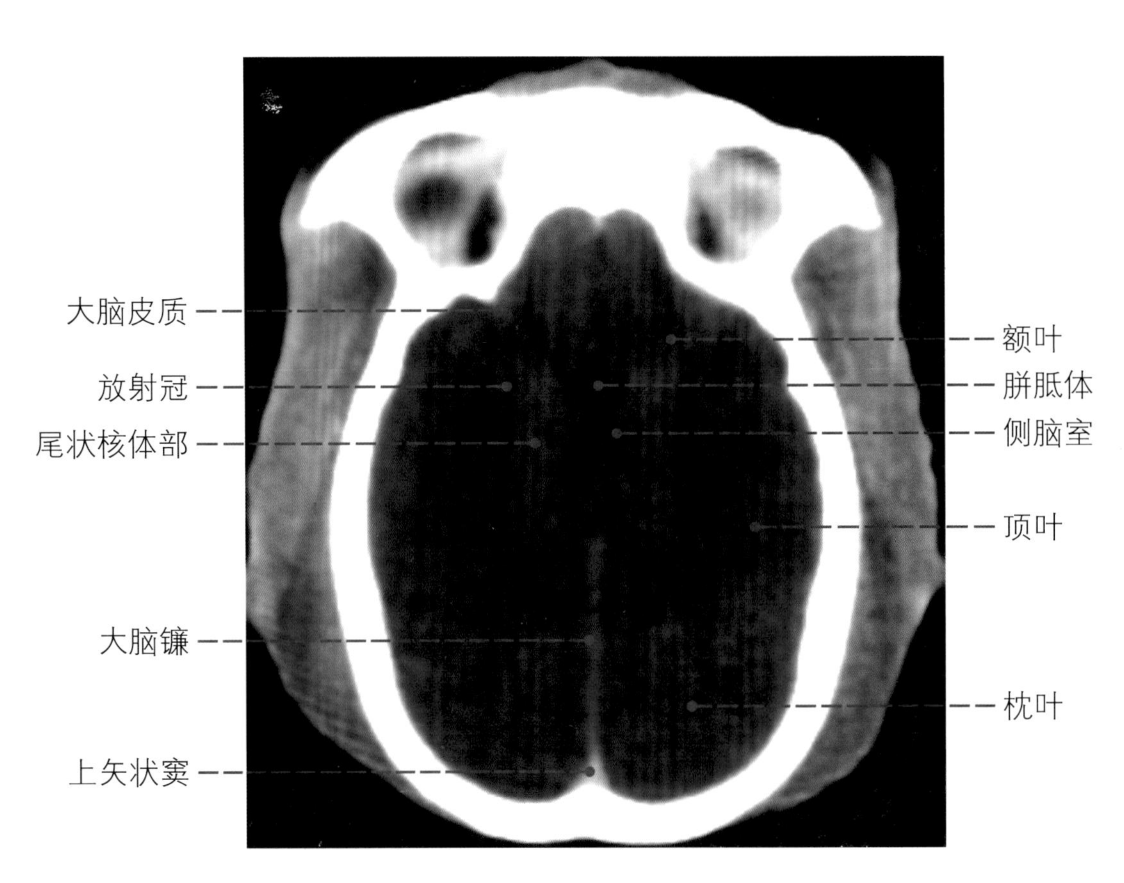
大脑皮质
放射冠
尾状核体部
大脑镰
上矢状窦
额叶
胼胝体
侧脑室
顶叶
枕叶

侧脑室上部层面

半卵圆中心层面

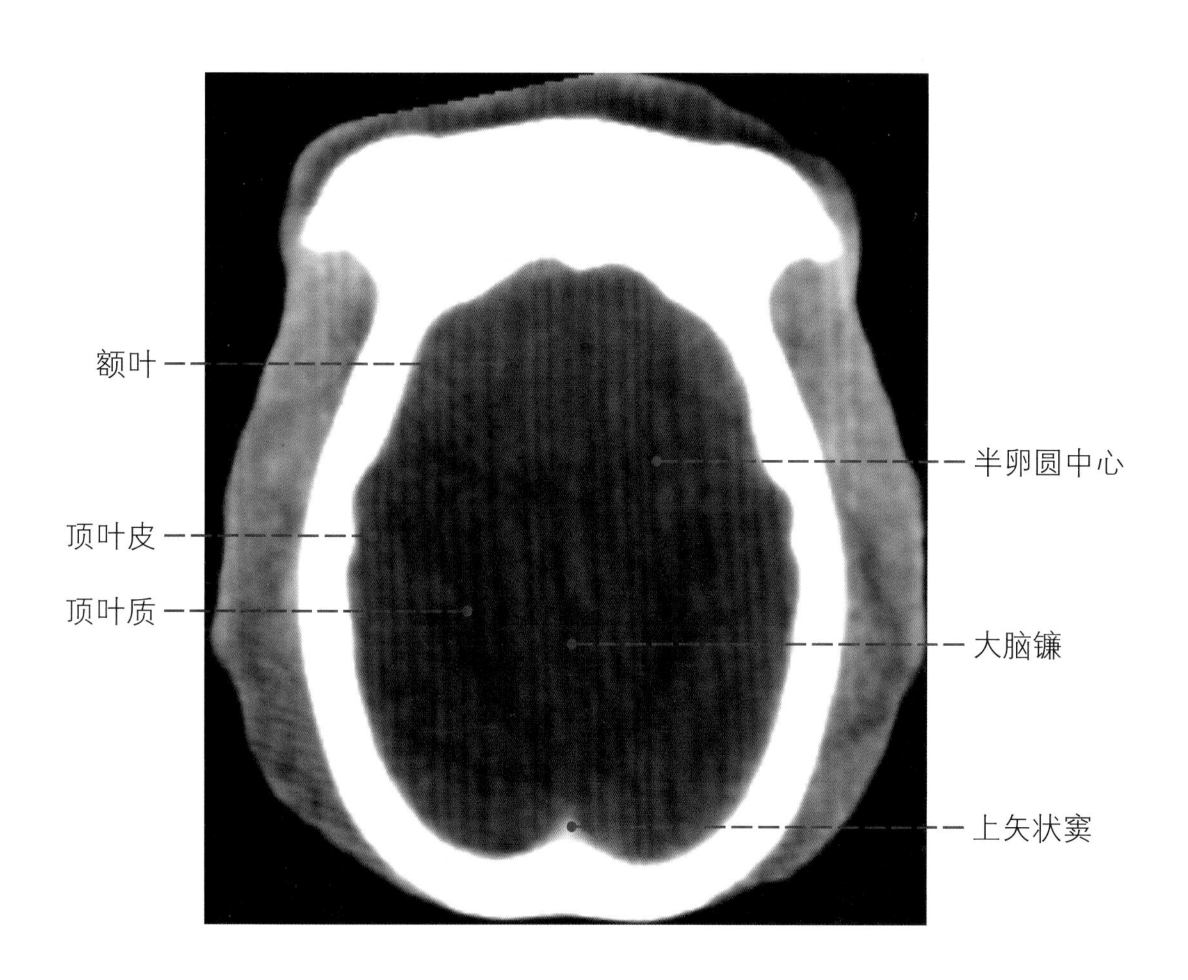

额叶
半卵圆中心
顶叶皮
顶叶质
大脑镰
上矢状窦

胸部
层面图

以下图片是 CT 扫描代表性层面图。

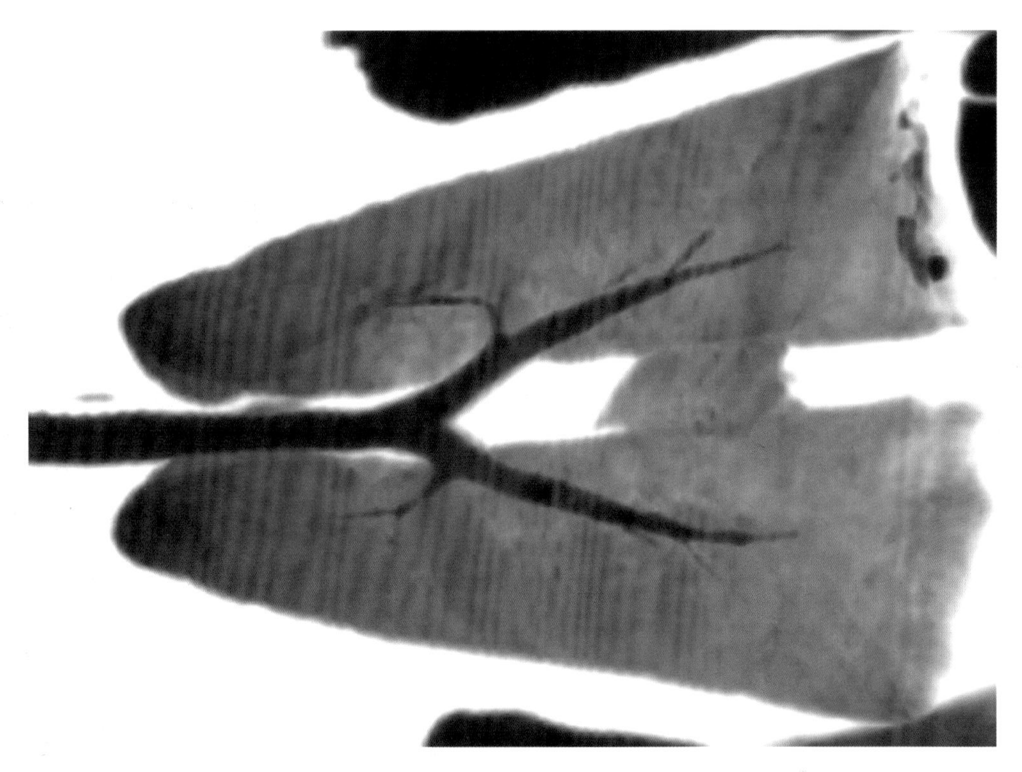

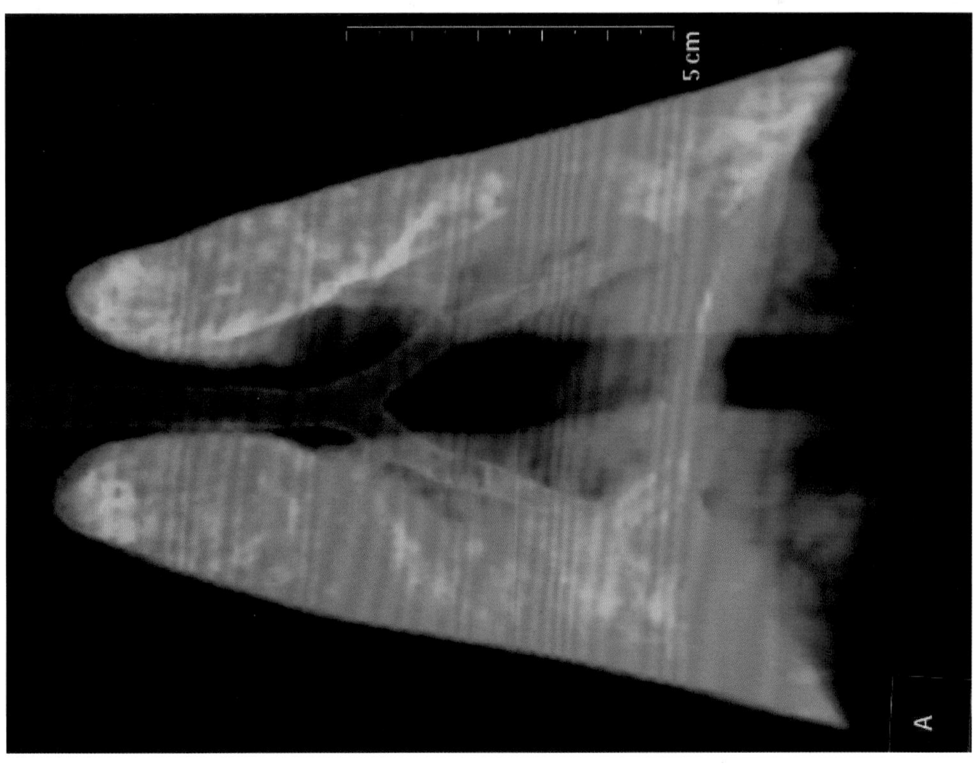
5 cm
A

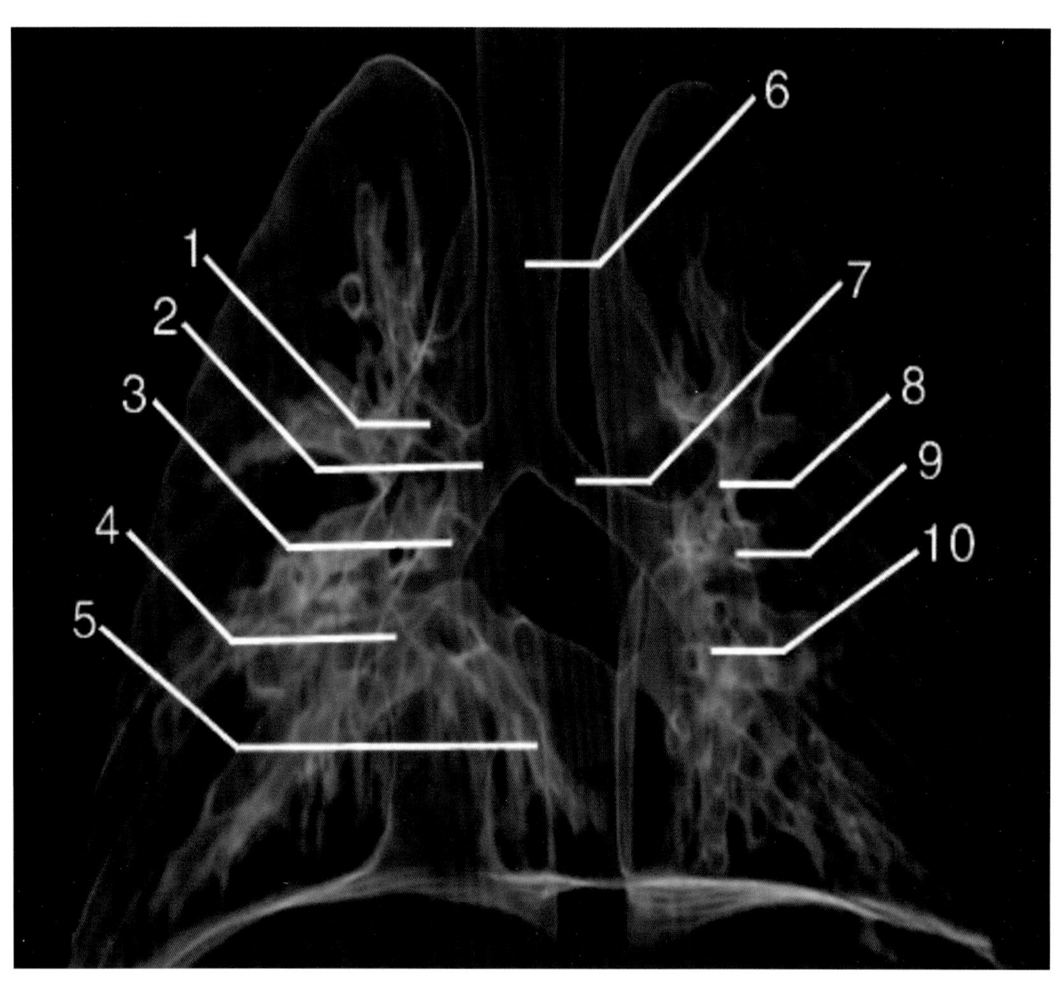
6
1
7
2
8
3
9
10
4
5

1—右上叶支气管；2—右主支气管；3—右中间支气管；4—右下叶支气管；5—右肺奇叶；6—气管；7—左主支气管；8—左上叶支气管；9—左中叶支气管；10—左下叶支气管

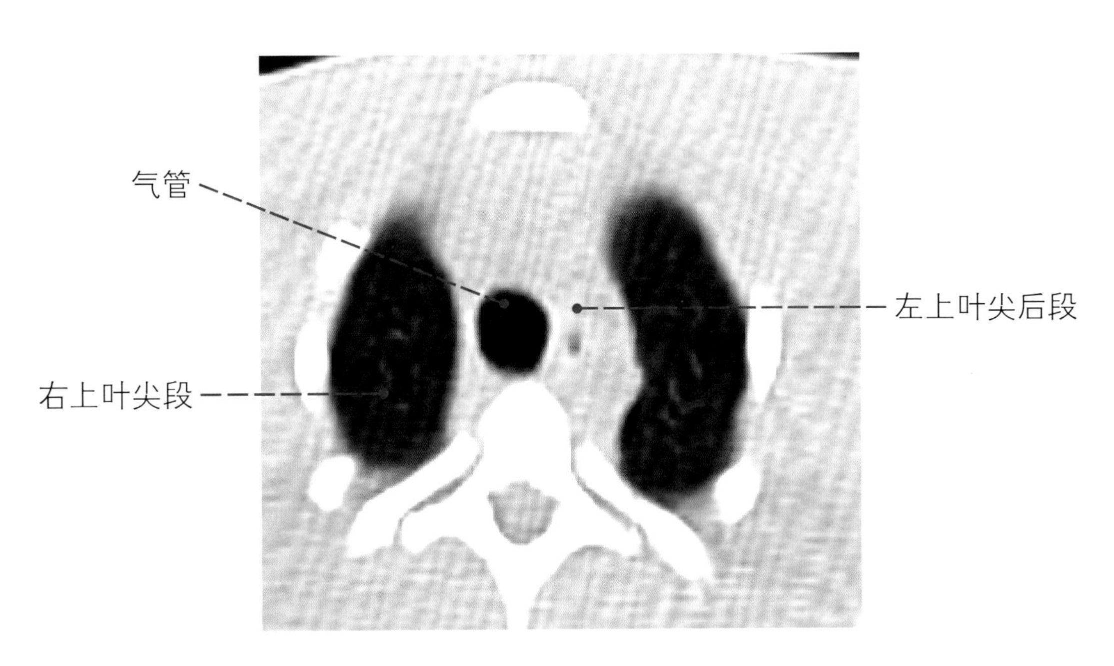
气管
左上叶尖后段
右上叶尖段

肺尖层面（1）

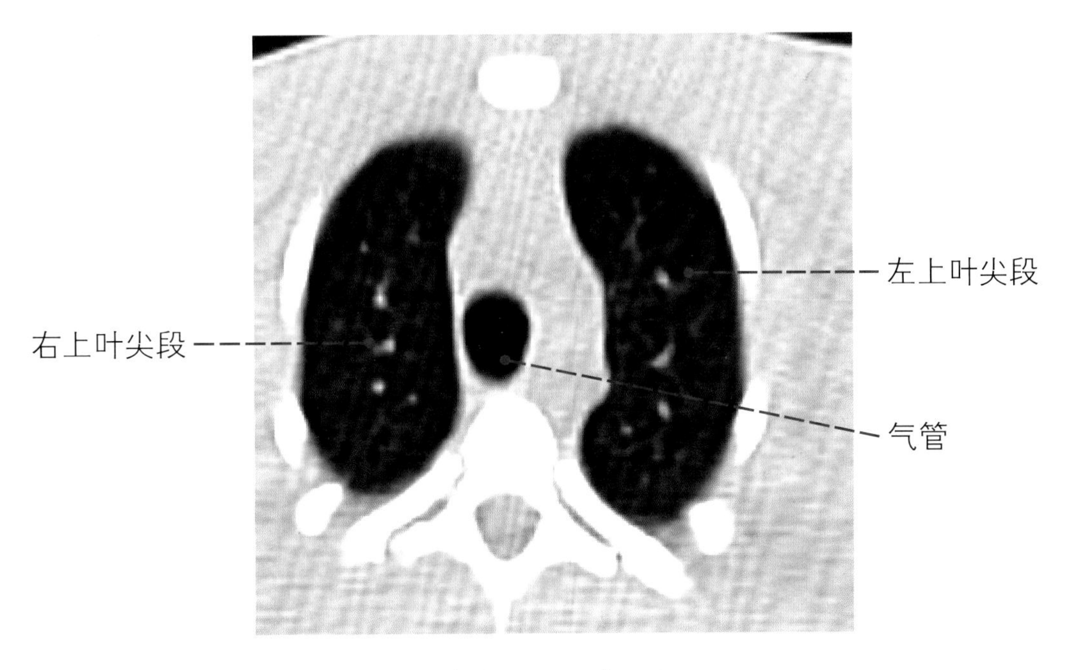
左上叶尖段
右上叶尖段
气管

肺尖层面（2）

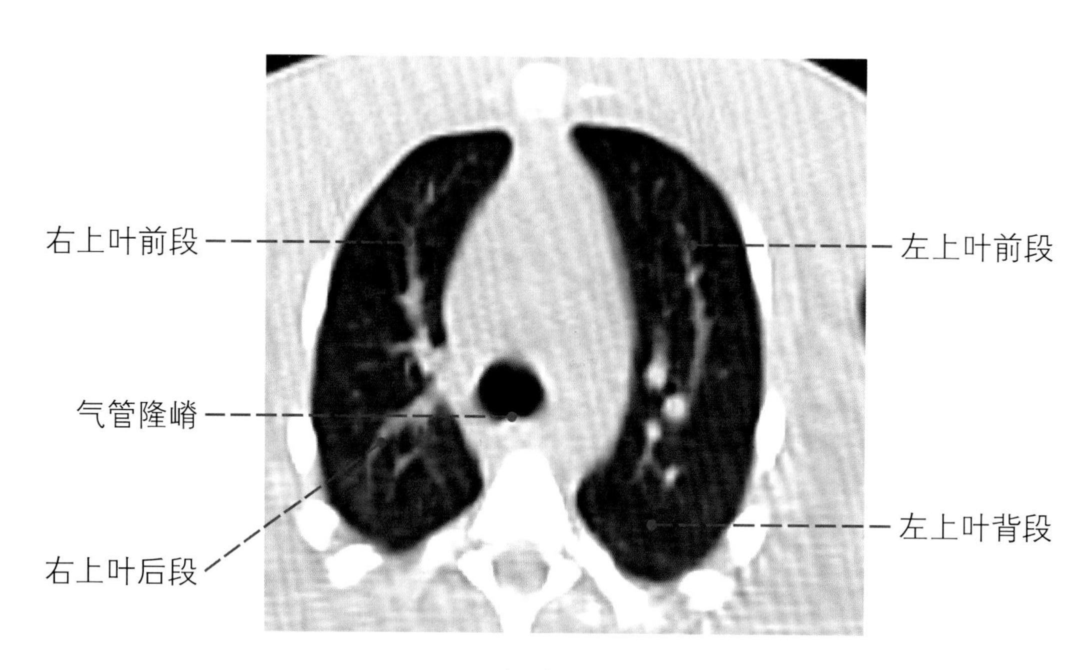
右上叶前段
气管隆嵴
右上叶后段
左上叶前段
左上叶背段

隆嵴层面

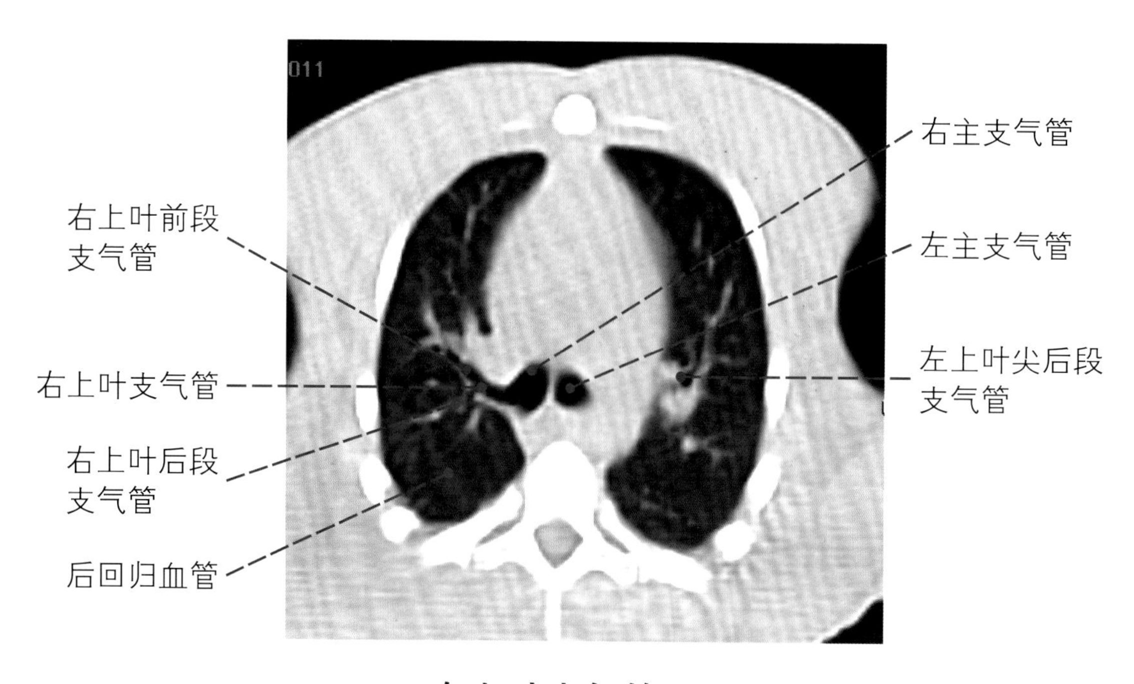
011
右上叶前段
支气管
右上叶支气管
右上叶后段
支气管
后回归血管
右主支气管
左主支气管
左上叶尖后段
支气管

右上叶支气管层面

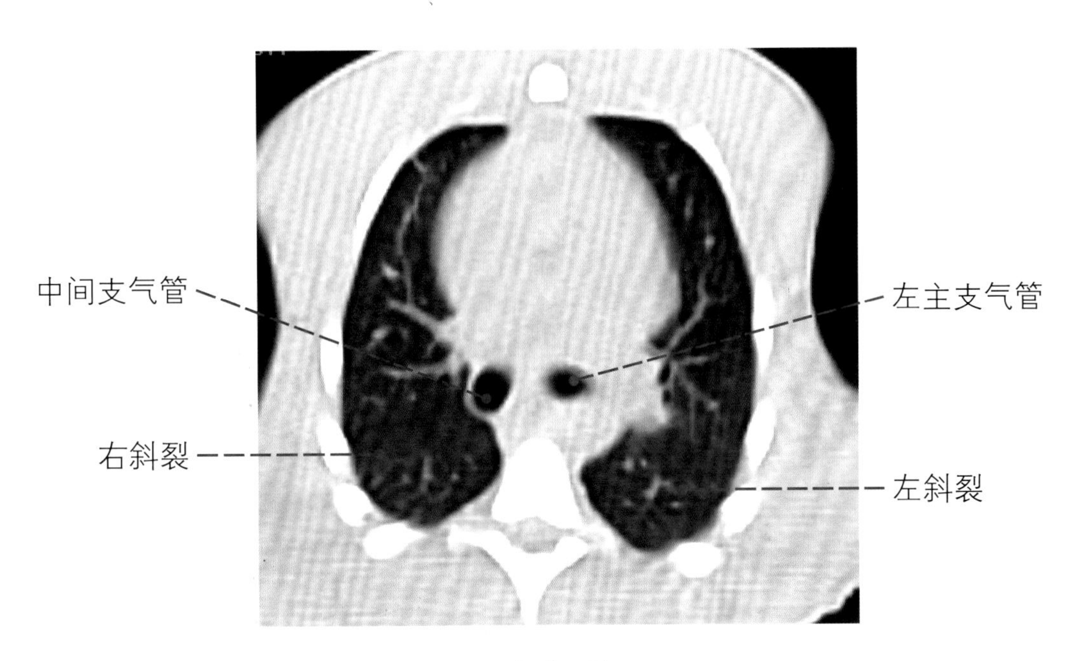
中间支气管
左主支气管
右斜裂
左斜裂

中间支气管层面

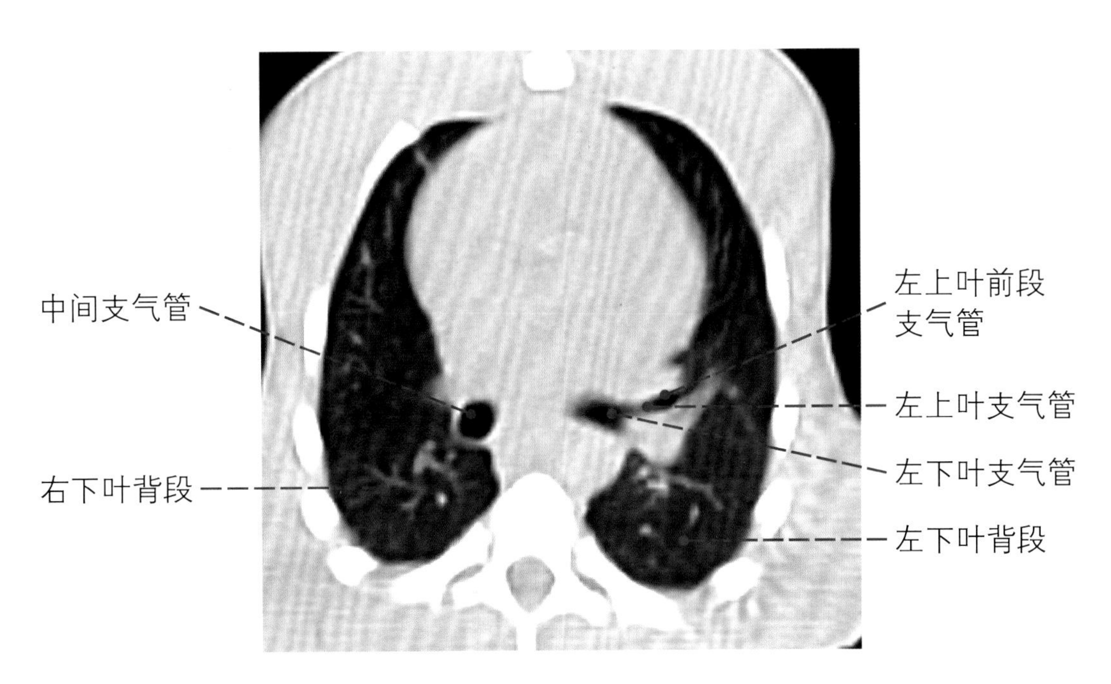
左上叶前段
支气管
中间支气管
左上叶支气管
左下叶支气管
右下叶背段
左下叶背段

左上叶支气管层面

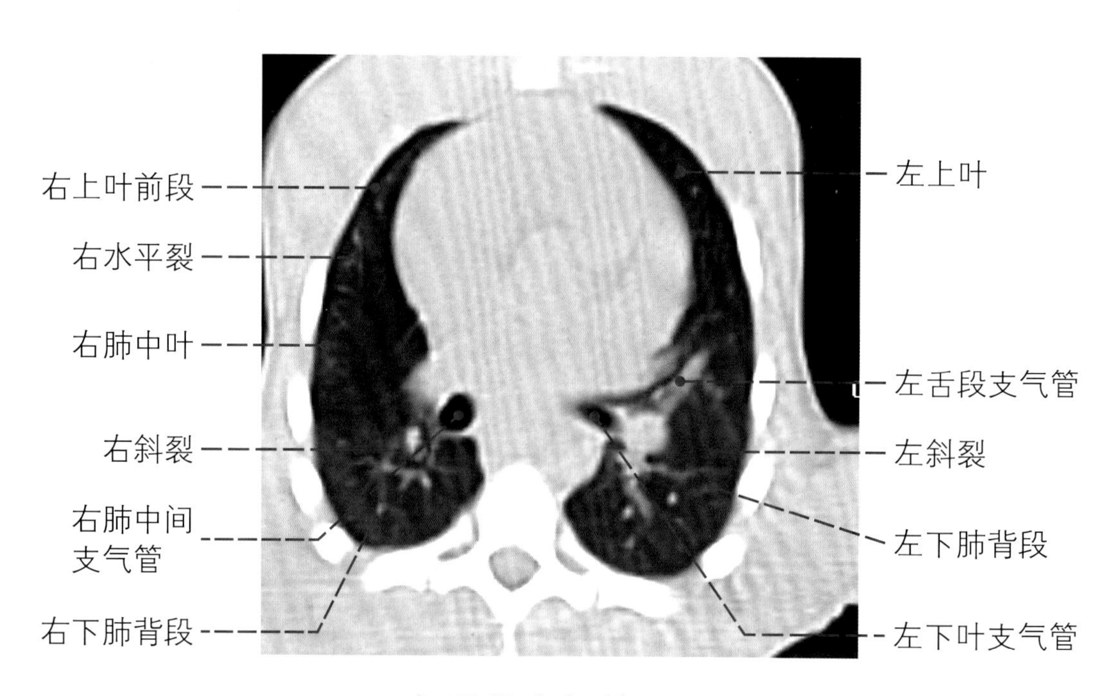
右上叶前段
右水平裂
右肺中叶
右斜裂
右肺中间支气管
右下肺背段
左上叶
左舌段支气管
左斜裂
左下肺背段
左下叶支气管

左舌段支气管层面

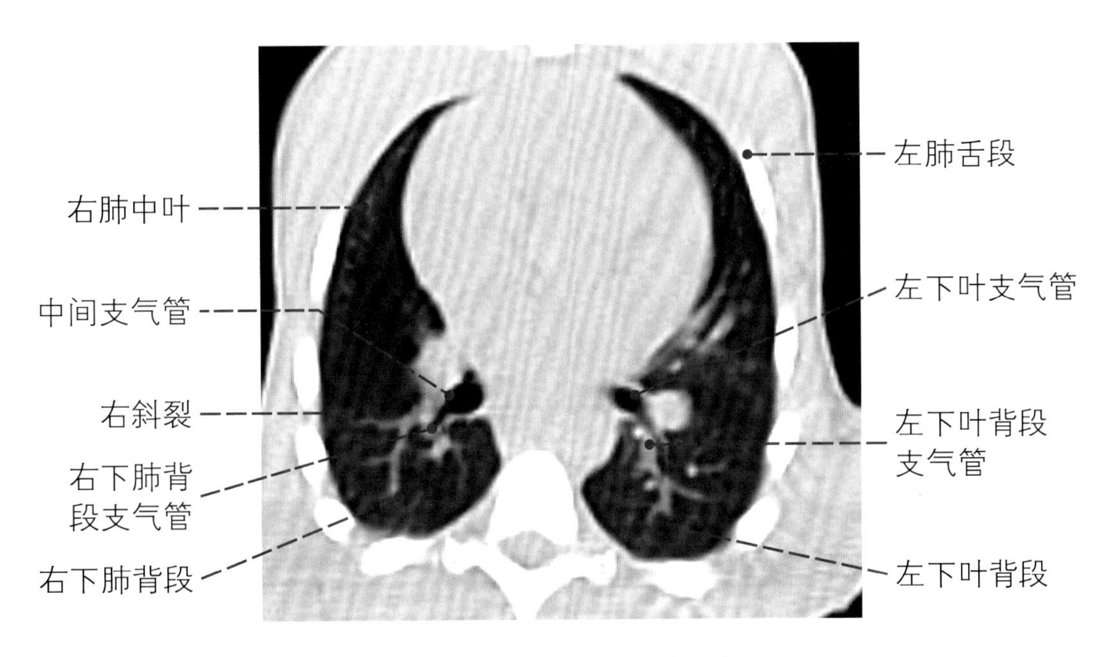
右肺中叶
中间支气管
右斜裂
右下肺背段支气管
右下肺背段
左肺舌段
左下叶支气管
左下叶背段支气管
左下叶背段

中叶支气管层面（1）

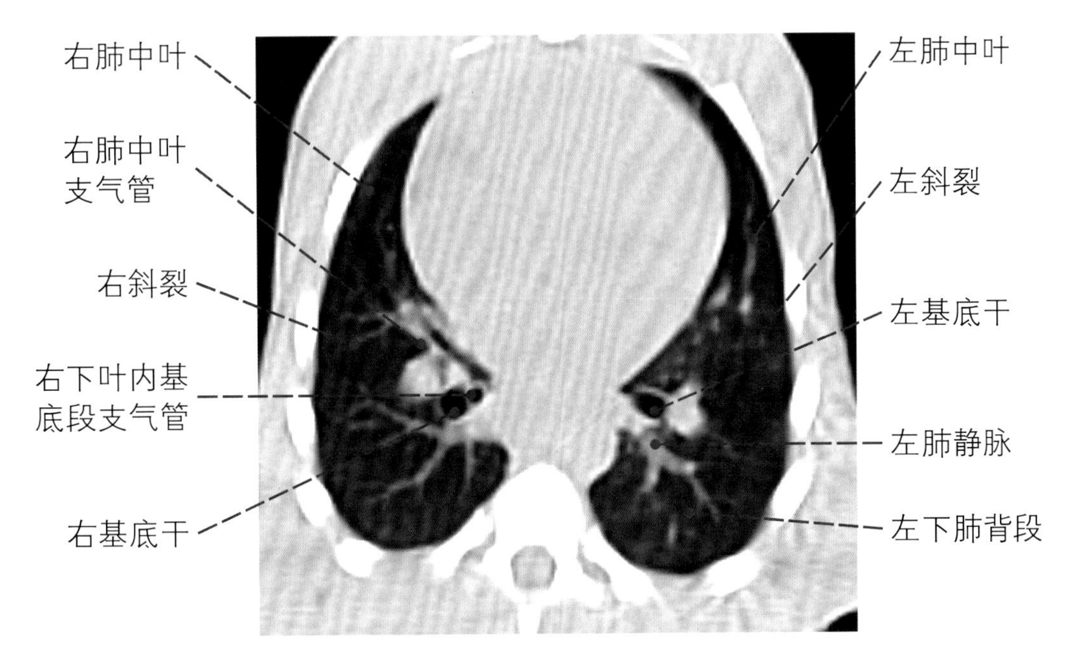
右肺中叶
右肺中叶支气管
右斜裂
右下叶内基底段支气管
右基底干
左肺中叶
左斜裂
左基底干
左肺静脉
左下肺背段

中叶支气管层面（2）

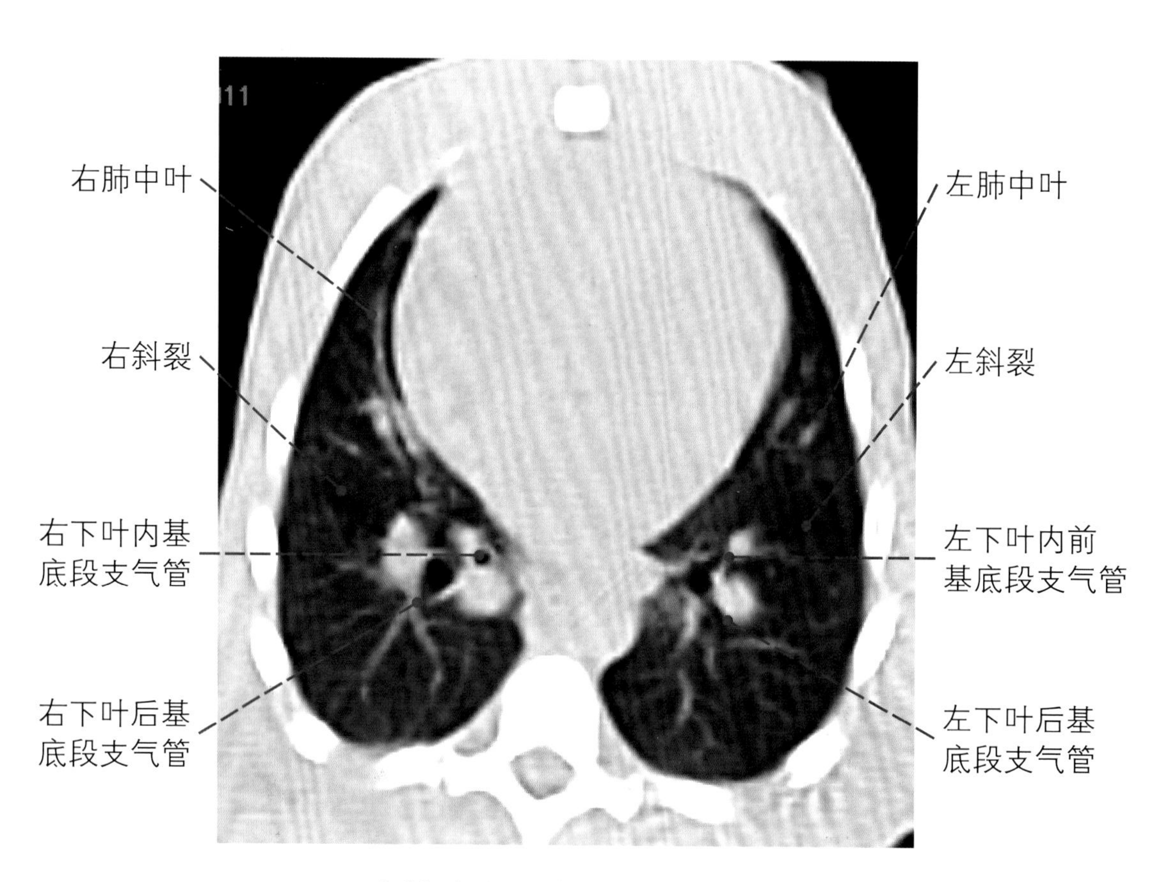
右肺中叶
右斜裂
右下叶内基底段支气管
右下叶后基底段支气管
左肺中叶
左斜裂
左下叶内前基底段支气管
左下叶后基底段支气管

下叶基底段支气管层面（1）

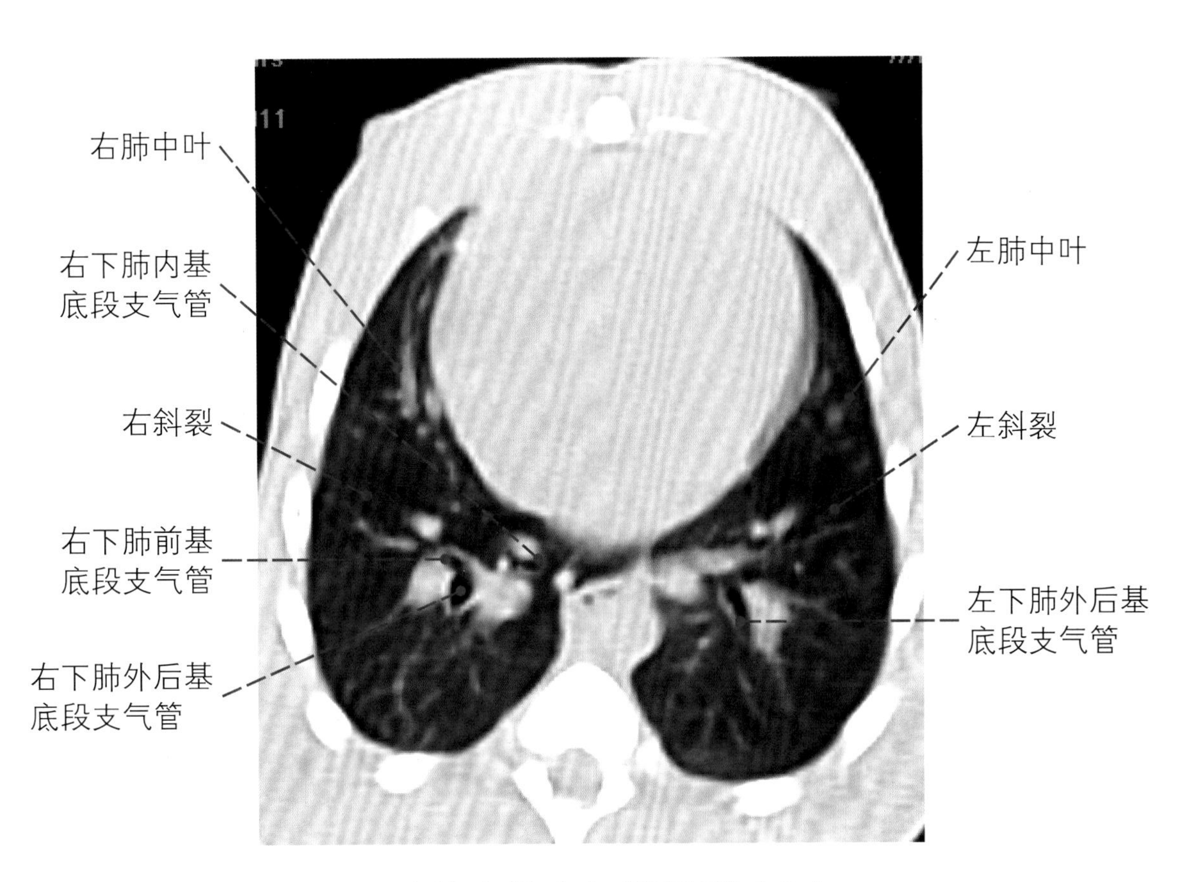
右肺中叶
右下肺内基
底段支气管
右斜裂
右下肺前基
底段支气管
右下肺外后基
底段支气管
左肺中叶
左斜裂
左下肺外后基
底段支气管

下叶基底段支气管层面（2）

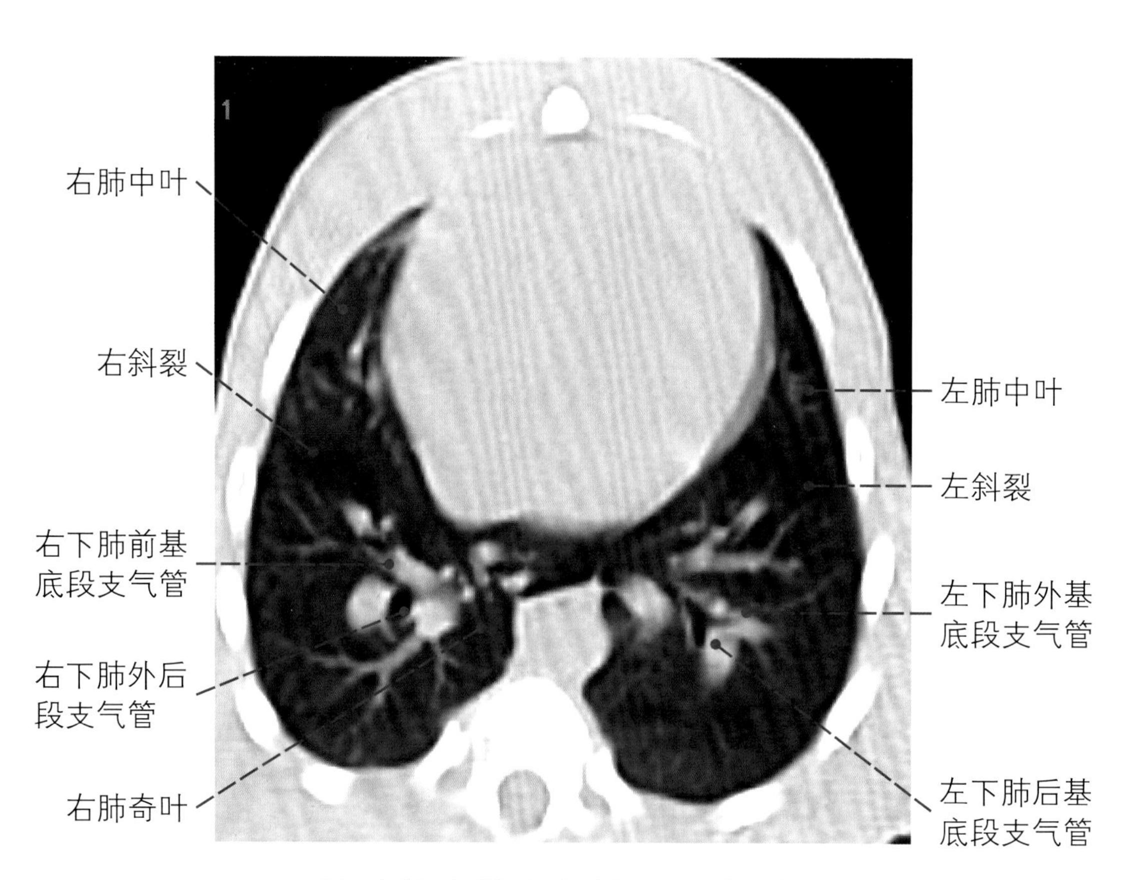
1
右肺中叶
右斜裂
右下肺前基底段支气管
右下肺外后段支气管
右肺奇叶
左肺中叶
左斜裂
左下肺外基底段支气管
左下肺后基底段支气管

下叶基底段支气管层面（3）

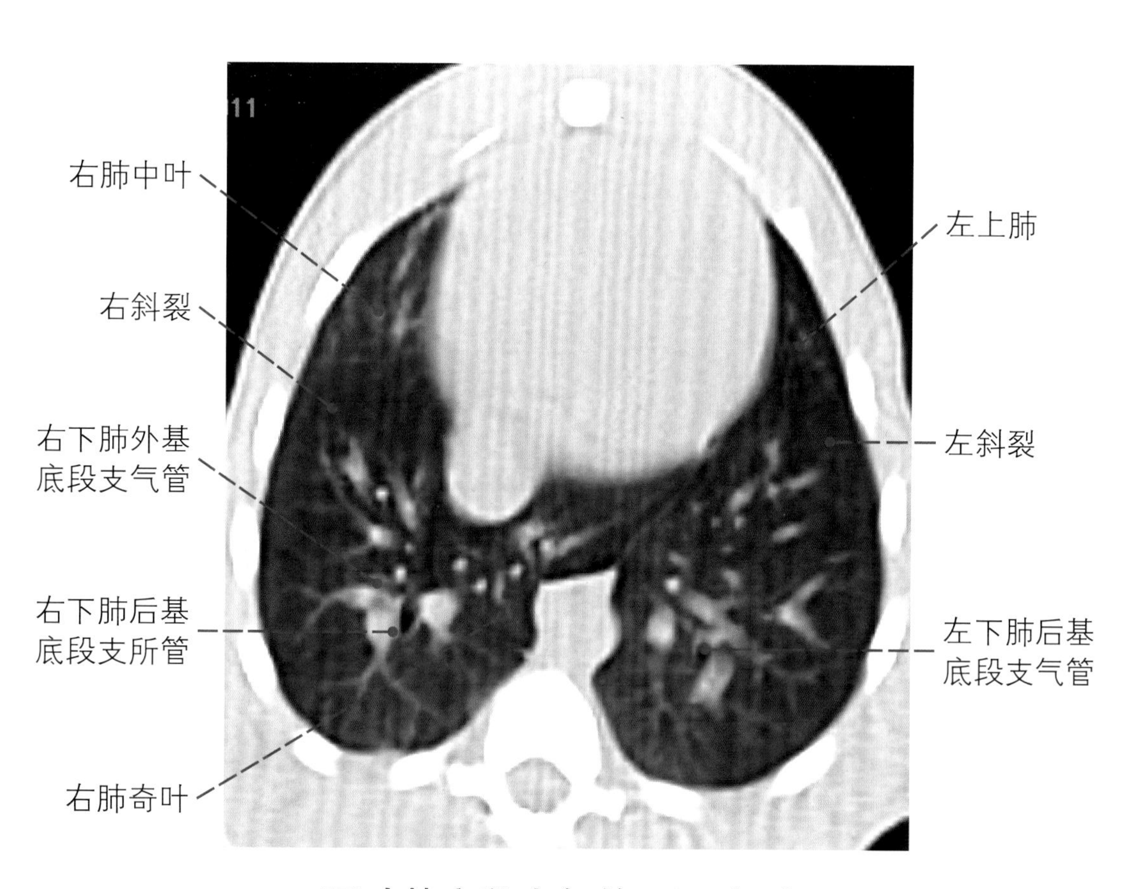
11
右肺中叶
右斜裂
右下肺外基
底段支气管
右下肺后基
底段支所管
右肺奇叶
左上肺
左斜裂
左下肺后基
底段支气管

下叶基底段支气管层面（4）

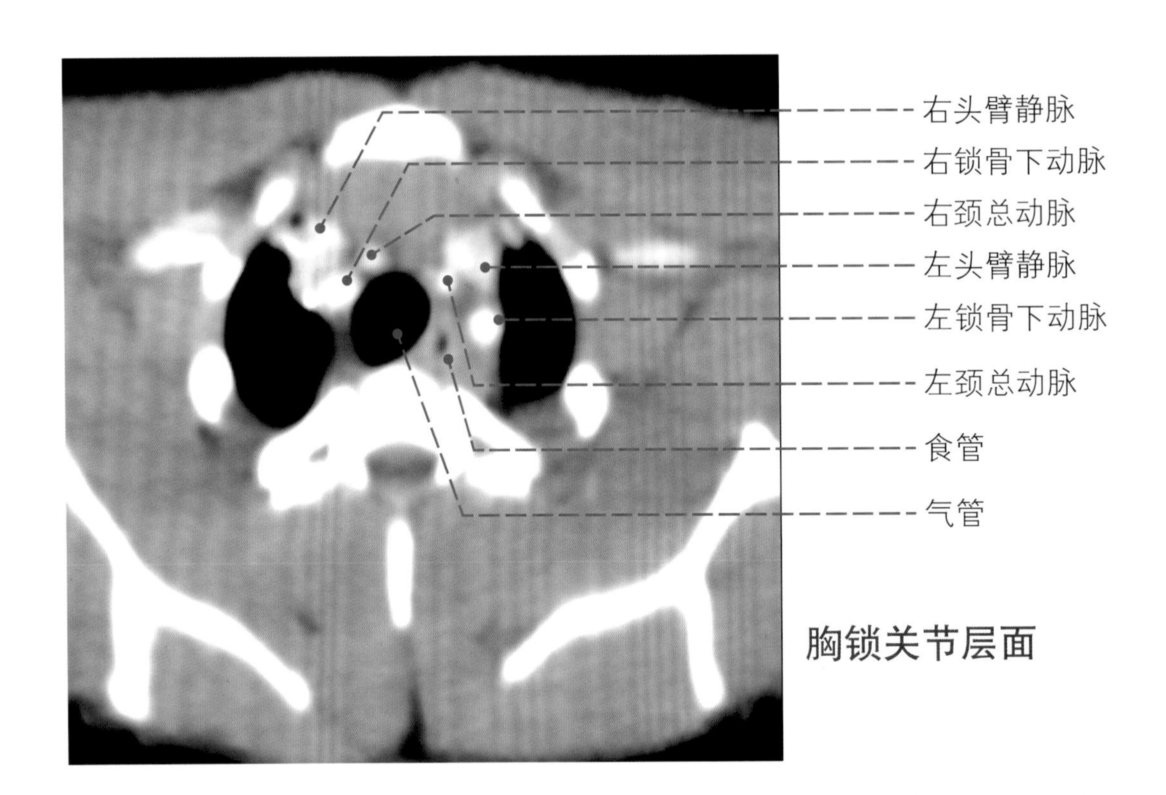
右头臂静脉
右锁骨下动脉
右颈总动脉
左头臂静脉
左锁骨下动脉
左颈总动脉
食管
气管

胸锁关节层面

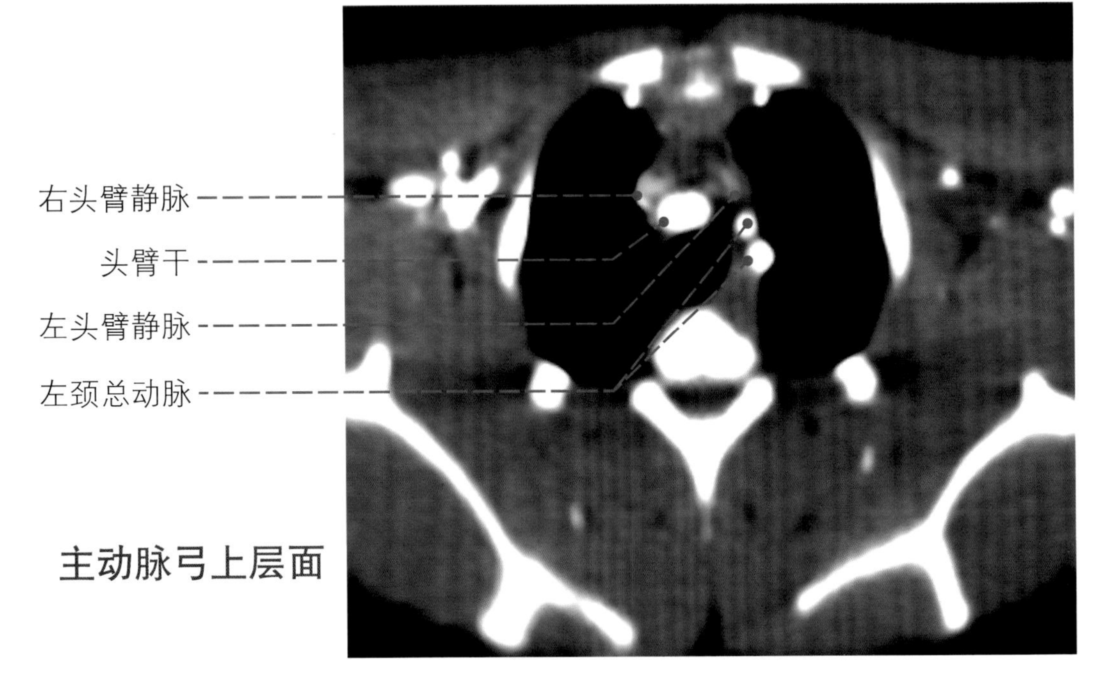
右头臂静脉
头臂干
左头臂静脉
左颈总动脉

主动脉弓上层面

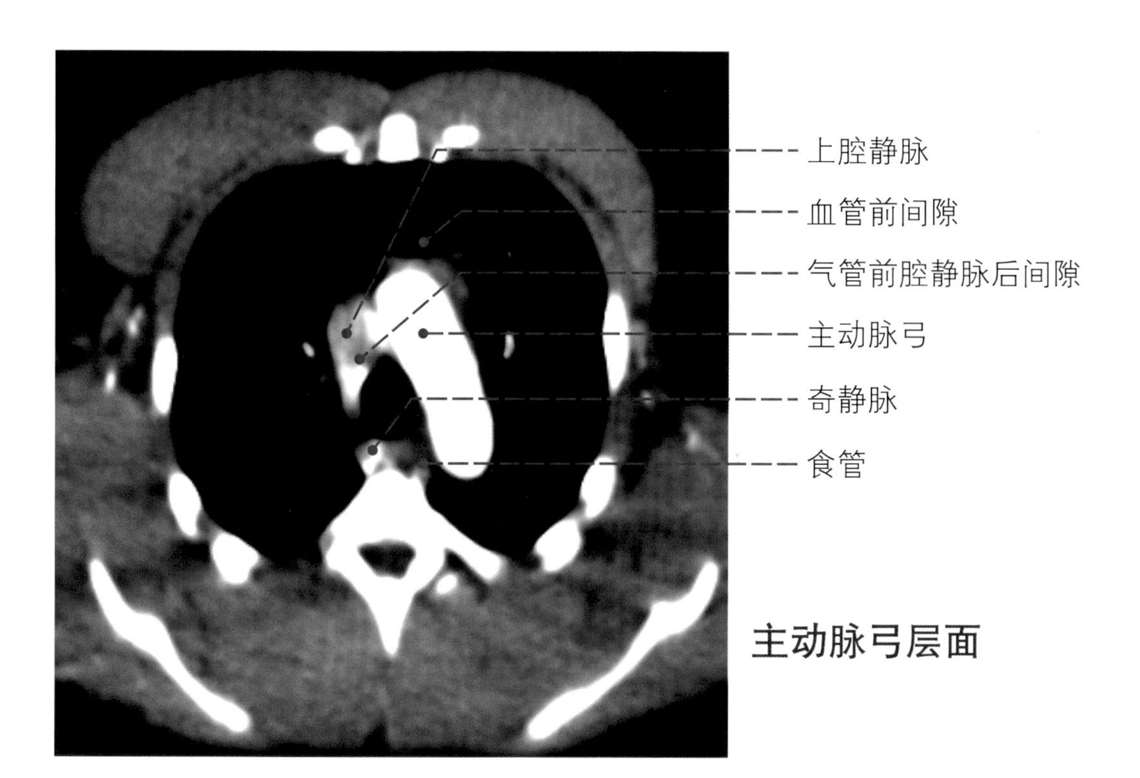
上腔静脉
血管前间隙
气管前腔静脉后间隙
主动脉弓
奇静脉
食管

主动脉弓层面

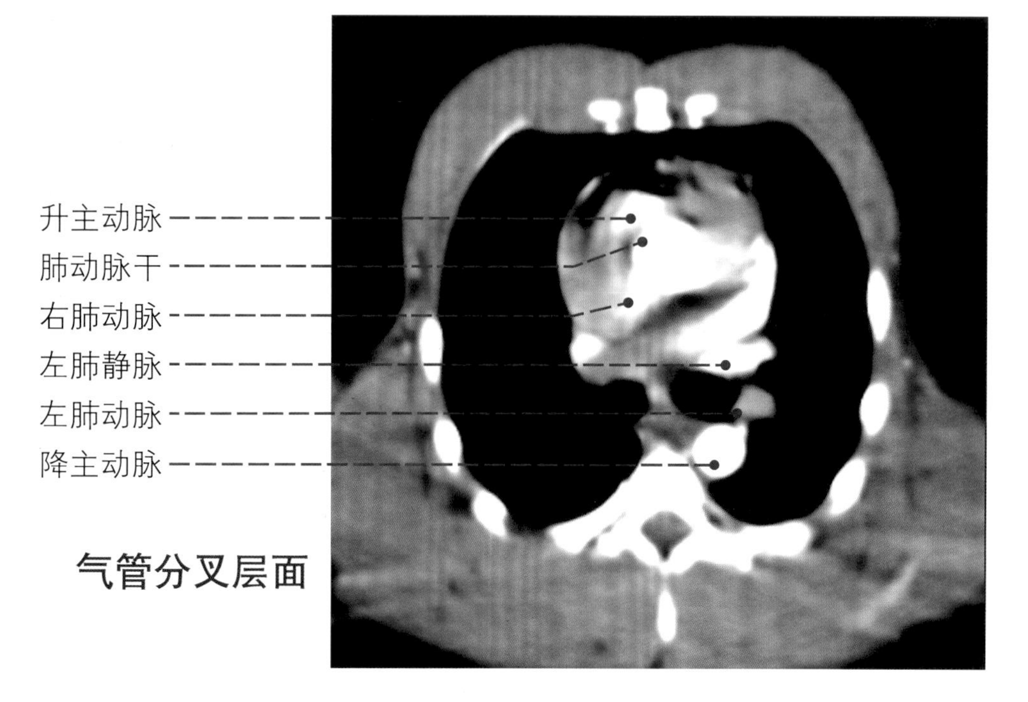
升主动脉
肺动脉干
右肺动脉
左肺静脉
左肺动脉
降主动脉

气管分叉层面

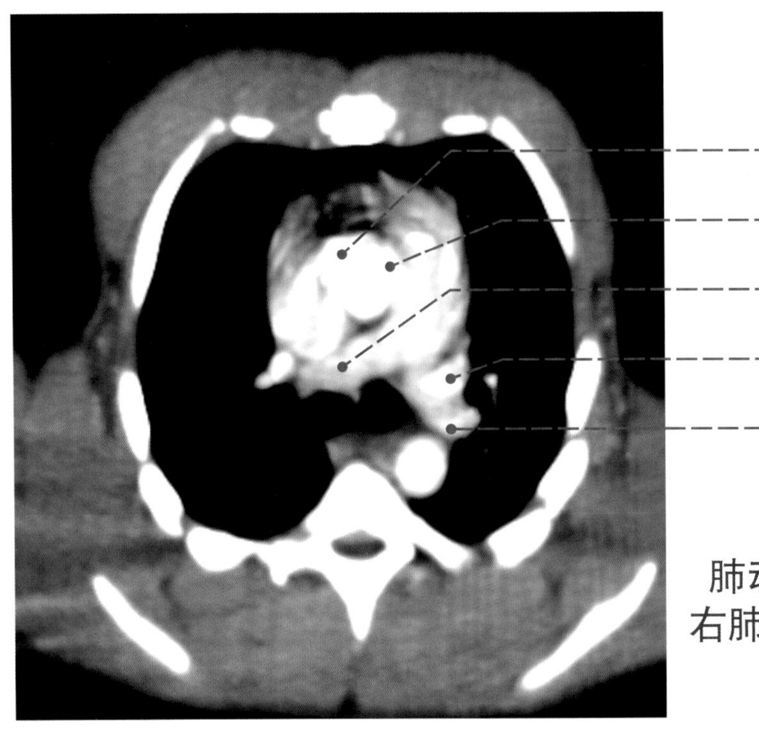
升主动脉
肺动脉干
右肺动脉
左肺静脉
左肺动脉

肺动脉干与
右肺动脉层面

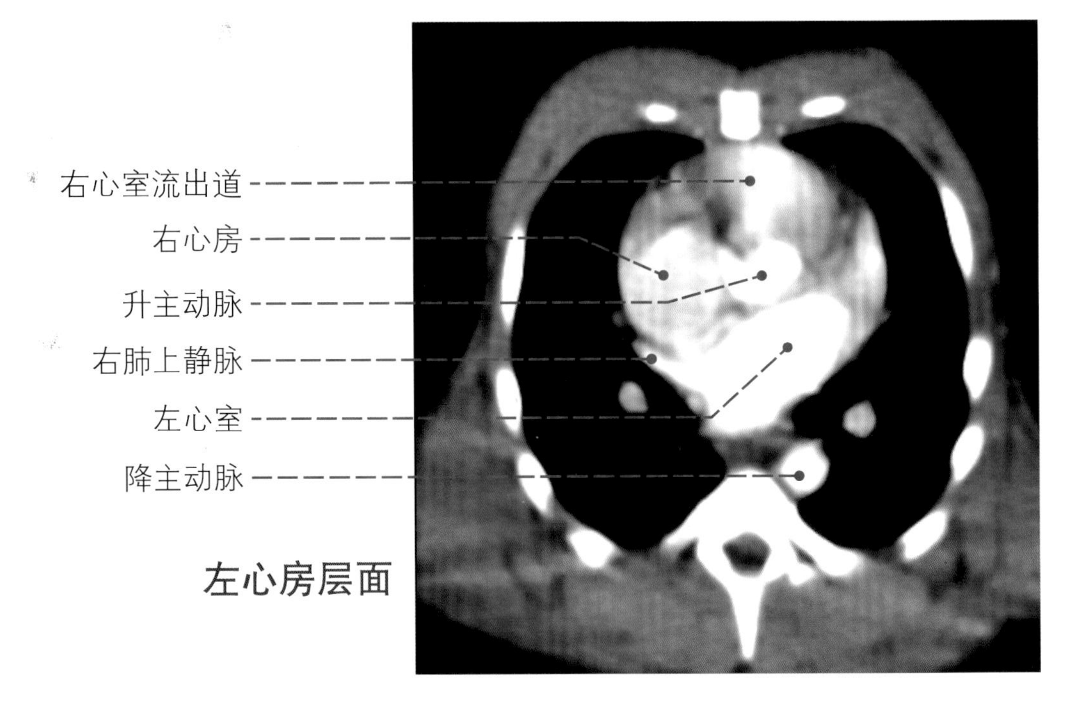
右心室流出道
右心房
升主动脉
右肺上静脉
左心室
降主动脉

左心房层面

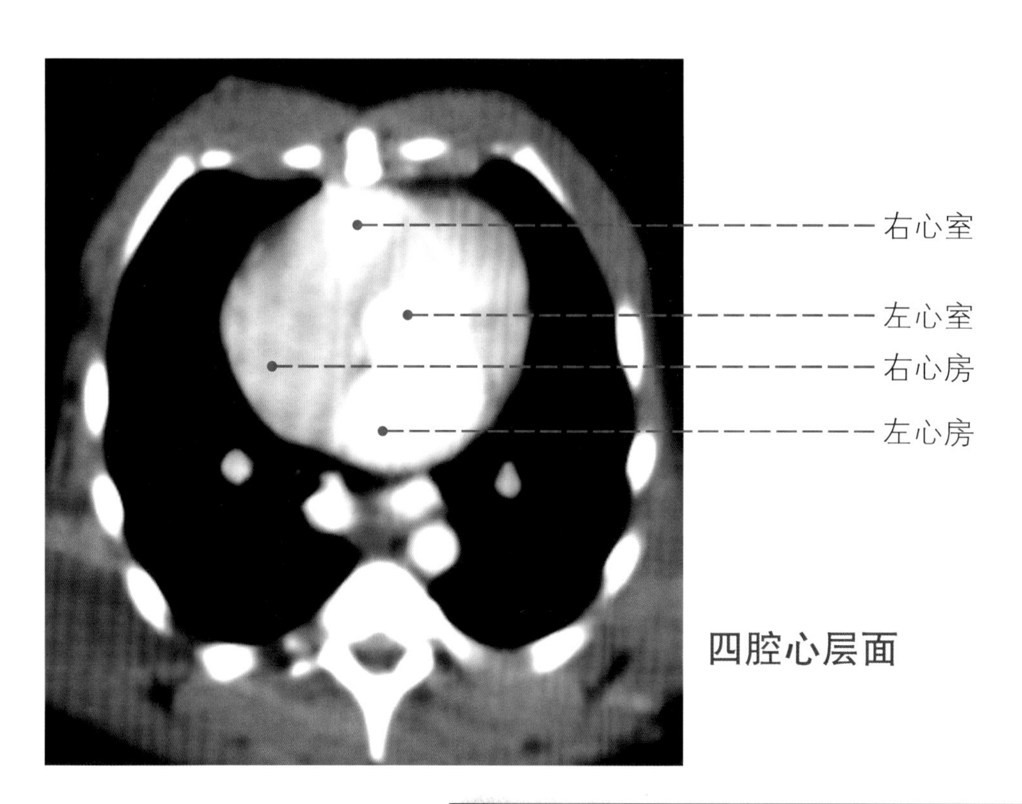
右心室
左心室
右心房
左心房

四腔心层面

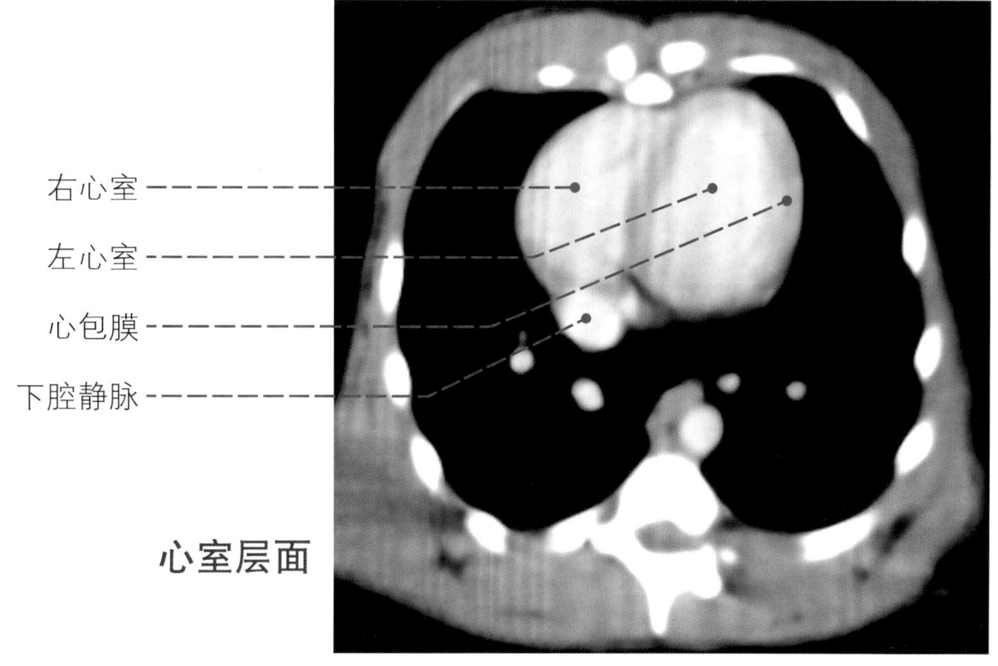
右心室
左心室
心包膜
下腔静脉

心室层面

腹部
层面图

以下图片是 CT 扫描代表性层面图。

第二肝门层面

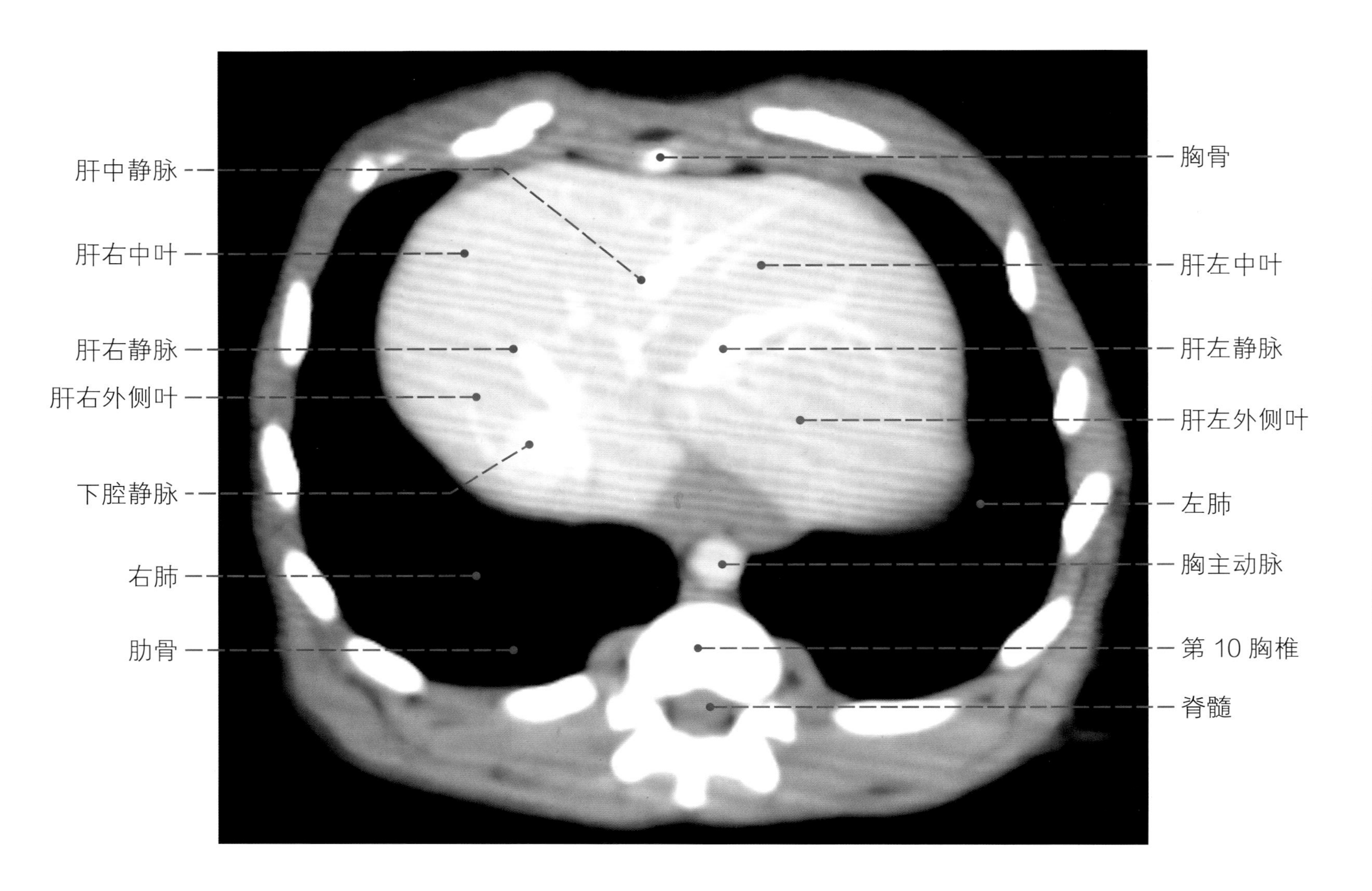

肝中静脉
肝右中叶
肝右静脉
肝右外侧叶
下腔静脉
右肺
肋骨
胸骨
肝左中叶
肝左静脉
肝左外侧叶
左肺
胸主动脉
第 10 胸椎
脊髓

门静脉分叉层面

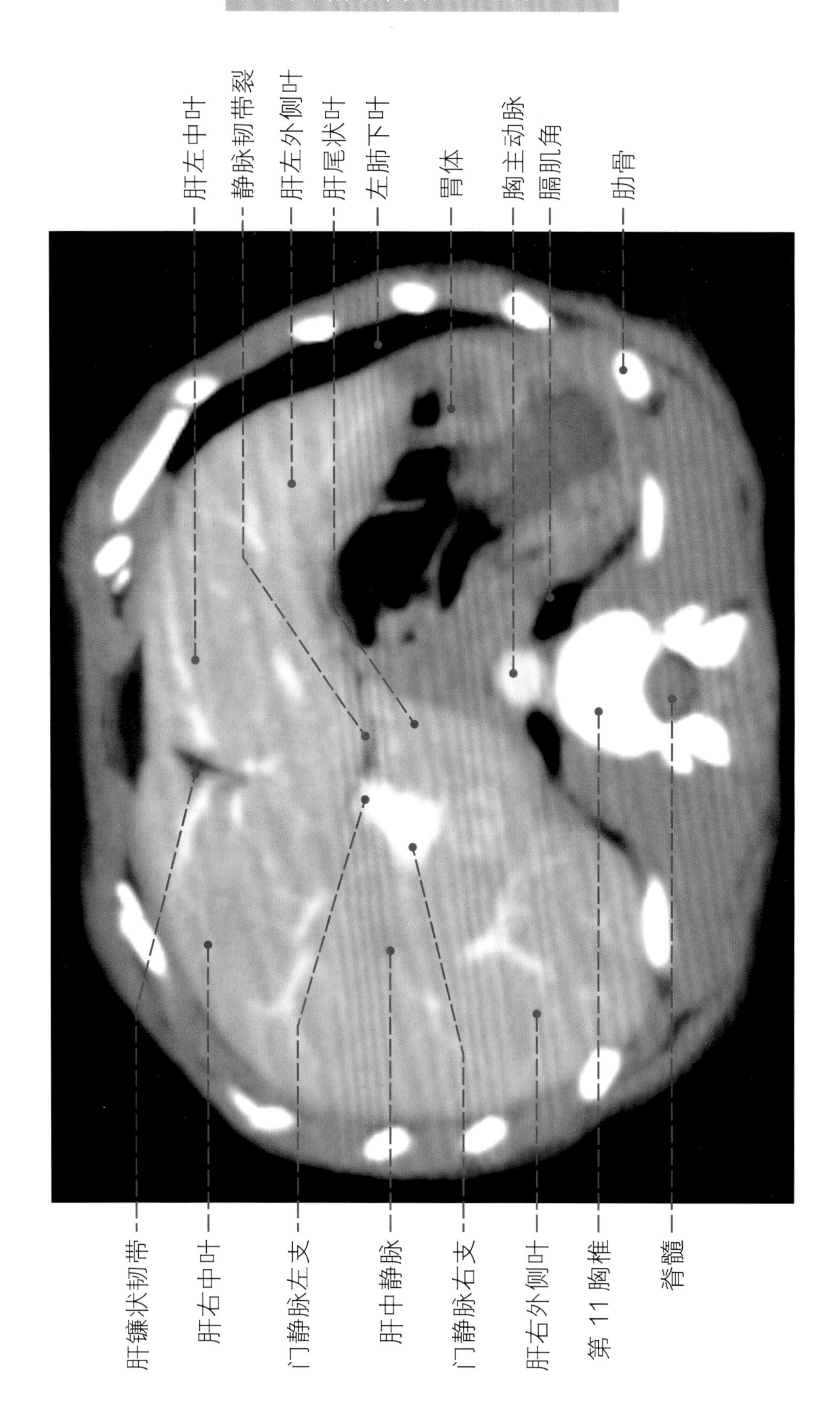
肝左中叶
静脉韧带裂
肝左外侧叶
肝尾状叶
左肺下叶
胃体
胸主动脉
膈肌角
肋骨
肝镰状韧带
肝右中叶
门静脉左支
肝中静脉
门静脉右支
肝右外侧叶
第 11 胸椎
脊髓

第一肝门层面

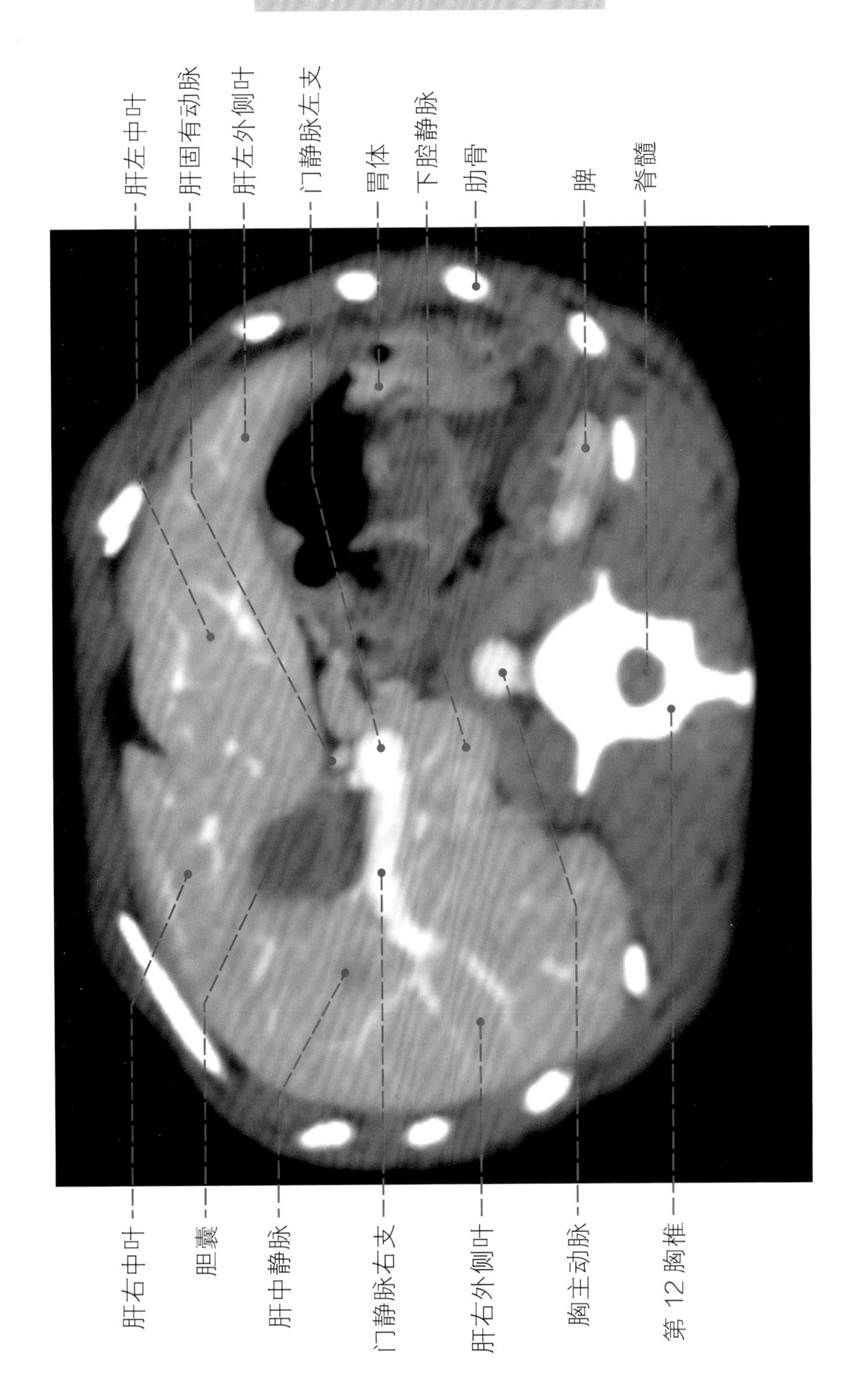
肝左中叶
肝固有动脉
肝左外侧叶
门静脉左支
胃体
下腔静脉
肋骨
脾
脊髓
肝右中叶
胆囊
肝中静脉
门静脉右支
肝右外侧叶
胸主动脉
第 12 胸椎

胆囊窝、肝总动脉层面

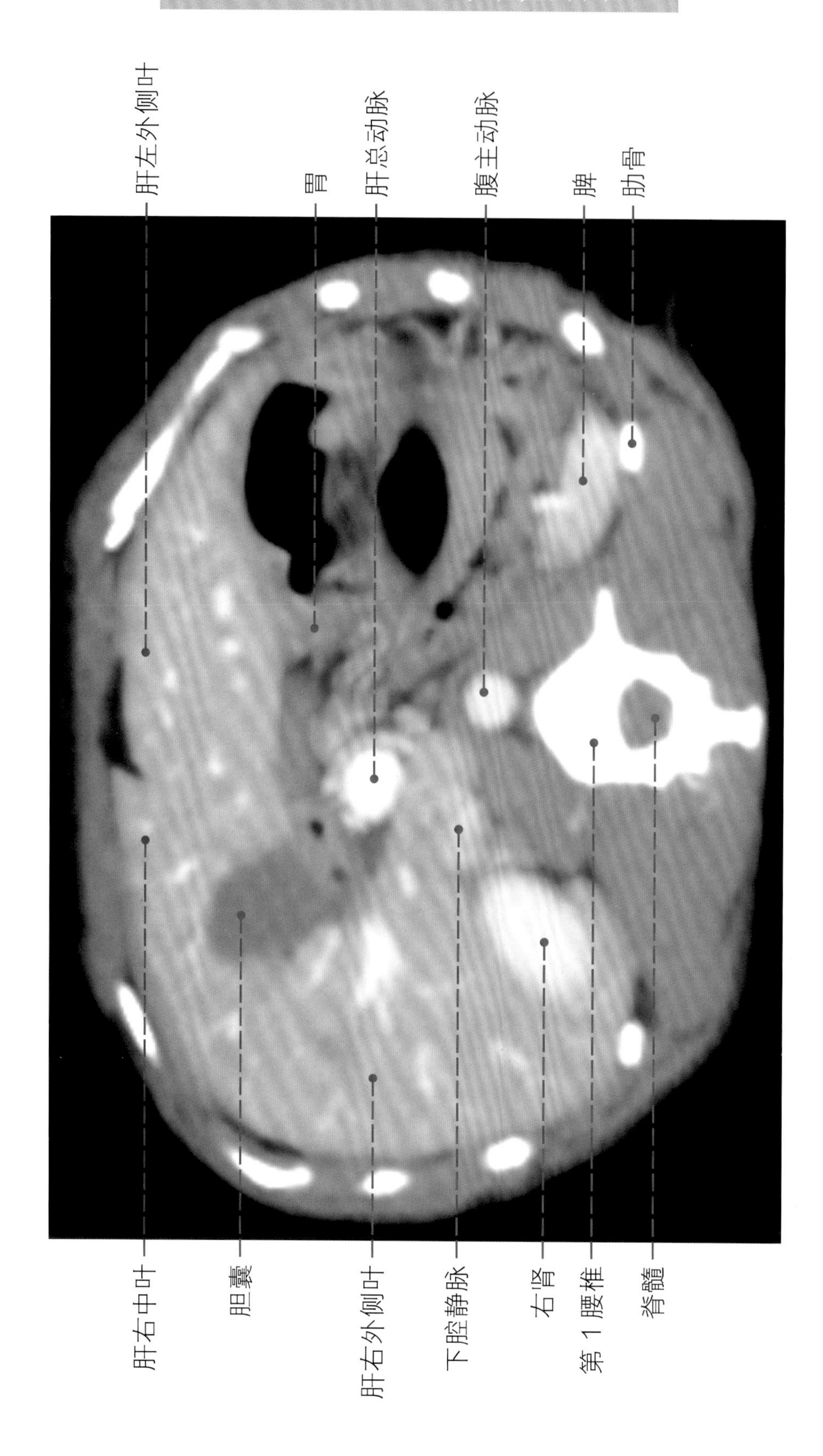

肝左外侧叶
胃
肝总动脉
腹主动脉
脾
肋骨
肝右中叶
胆囊
肝右外侧叶
下腔静脉
右肾
第 1 腰椎
脊髓

胰体、腹腔干、脾静脉层面

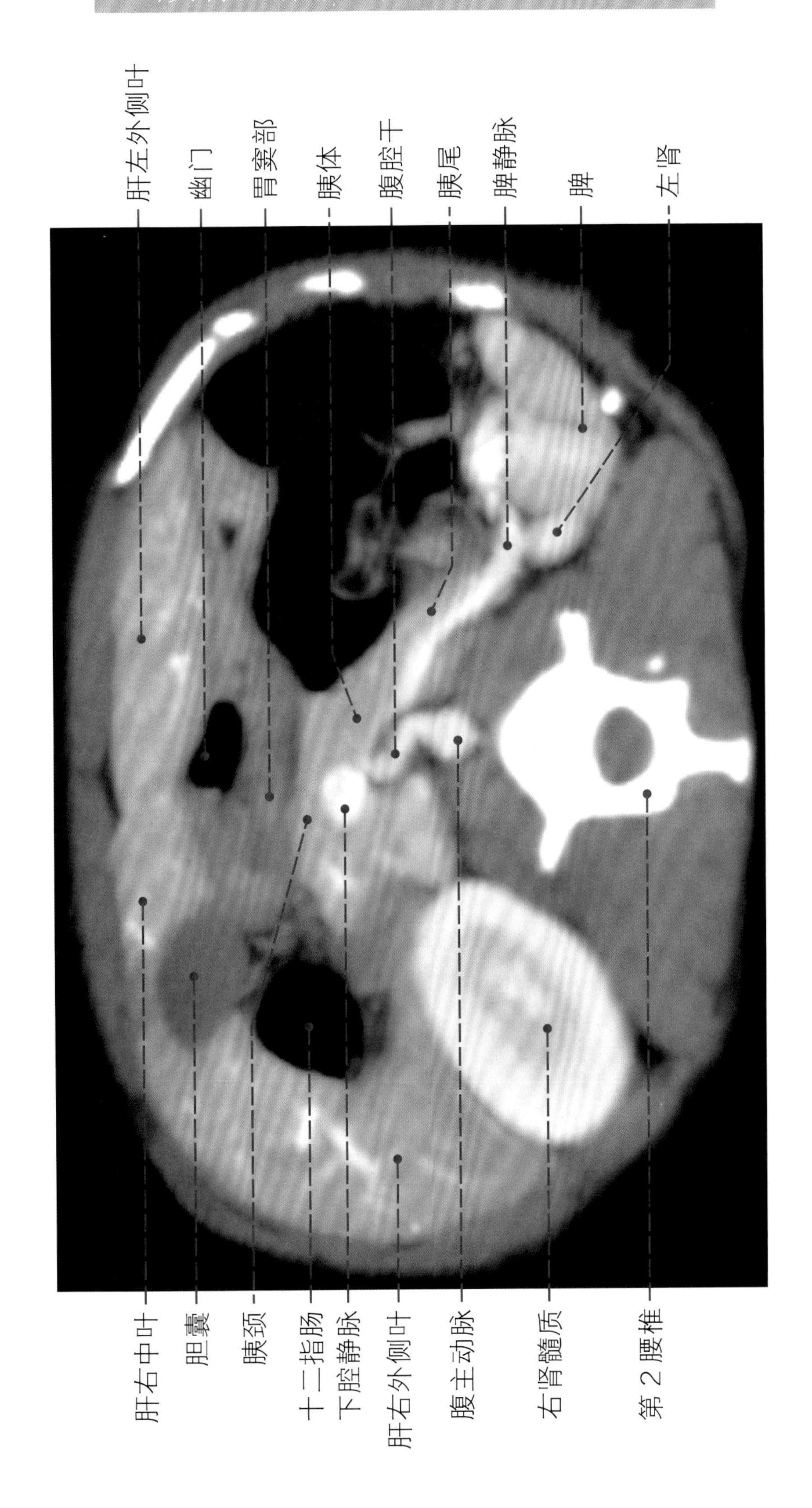

肝左外侧叶
幽门
胃窦部
胰体
腹腔干
胰尾
脾静脉
脾
左肾
肝右中叶
胆囊
胰颈
十二指肠
下腔静脉
肝右外侧叶
腹主动脉
右肾髓质
第 2 腰椎

双肾、第 3 腰椎层面

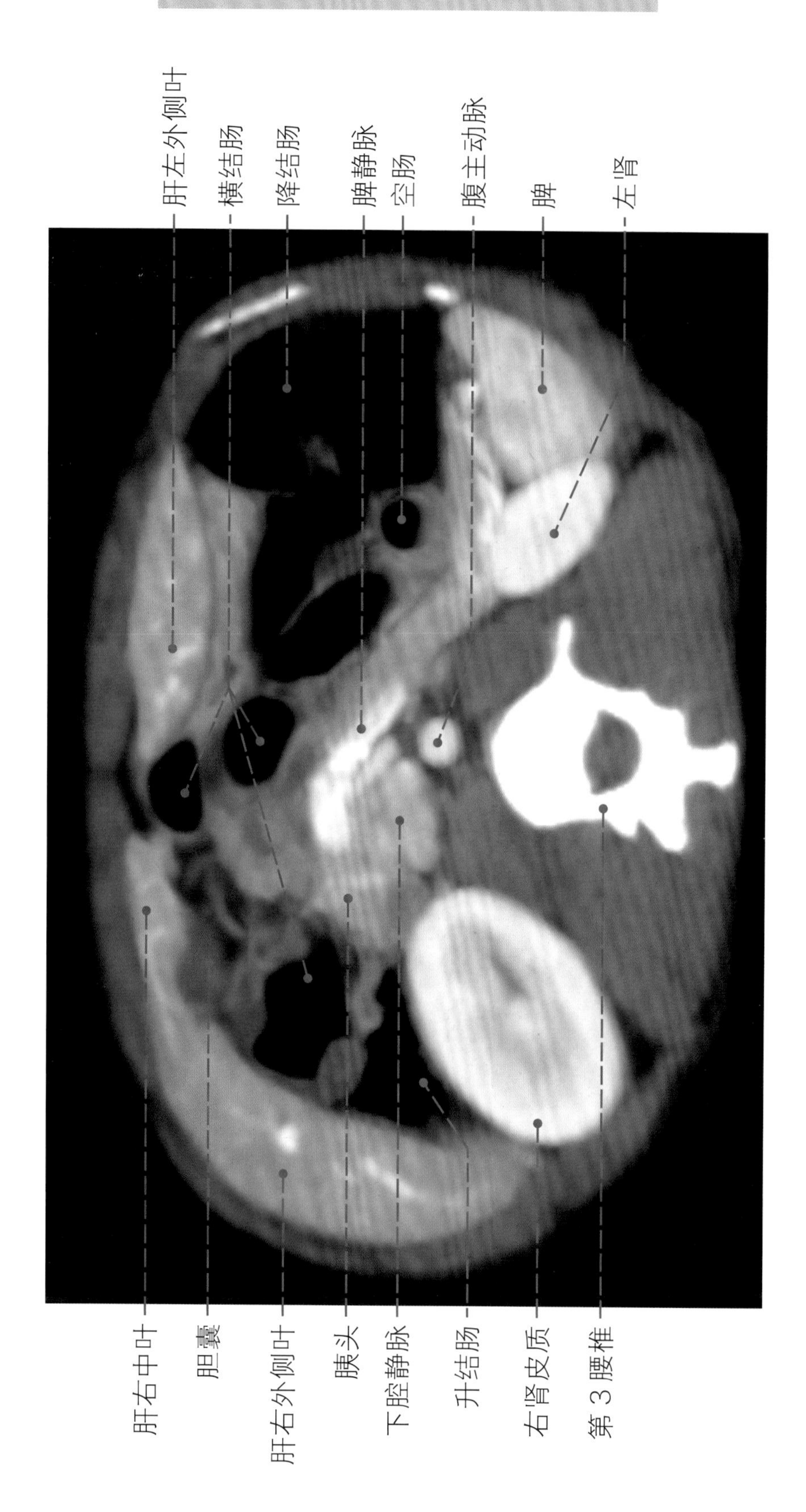
肝左外侧叶
横结肠
降结肠
脾静脉
空肠
腹主动脉
脾
左肾
肝右中叶
胆囊
肝右外侧叶
胰头
下腔静脉
升结肠
右肾皮质
第 3 腰椎

第 7 腰椎层面

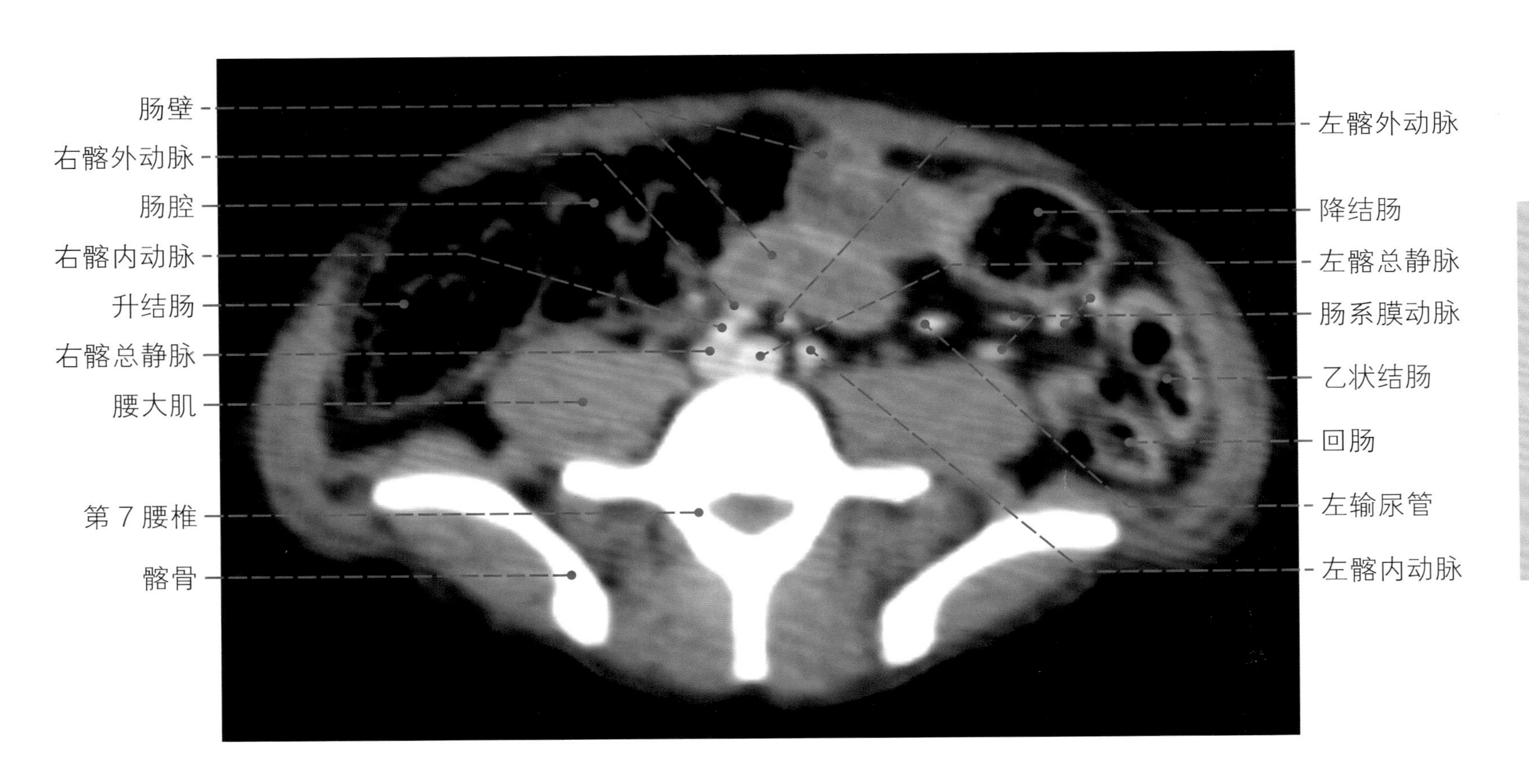
肠壁
右髂外动脉
肠腔
右髂内动脉
升结肠
右髂总静脉
腰大肌
第 7 腰椎
髂骨
左髂外动脉
降结肠
左髂总静脉
肠系膜动脉
乙状结肠
回肠
左输尿管
左髂内动脉

盆腔层面图

以下图片是 CT 扫描代表性层面图。

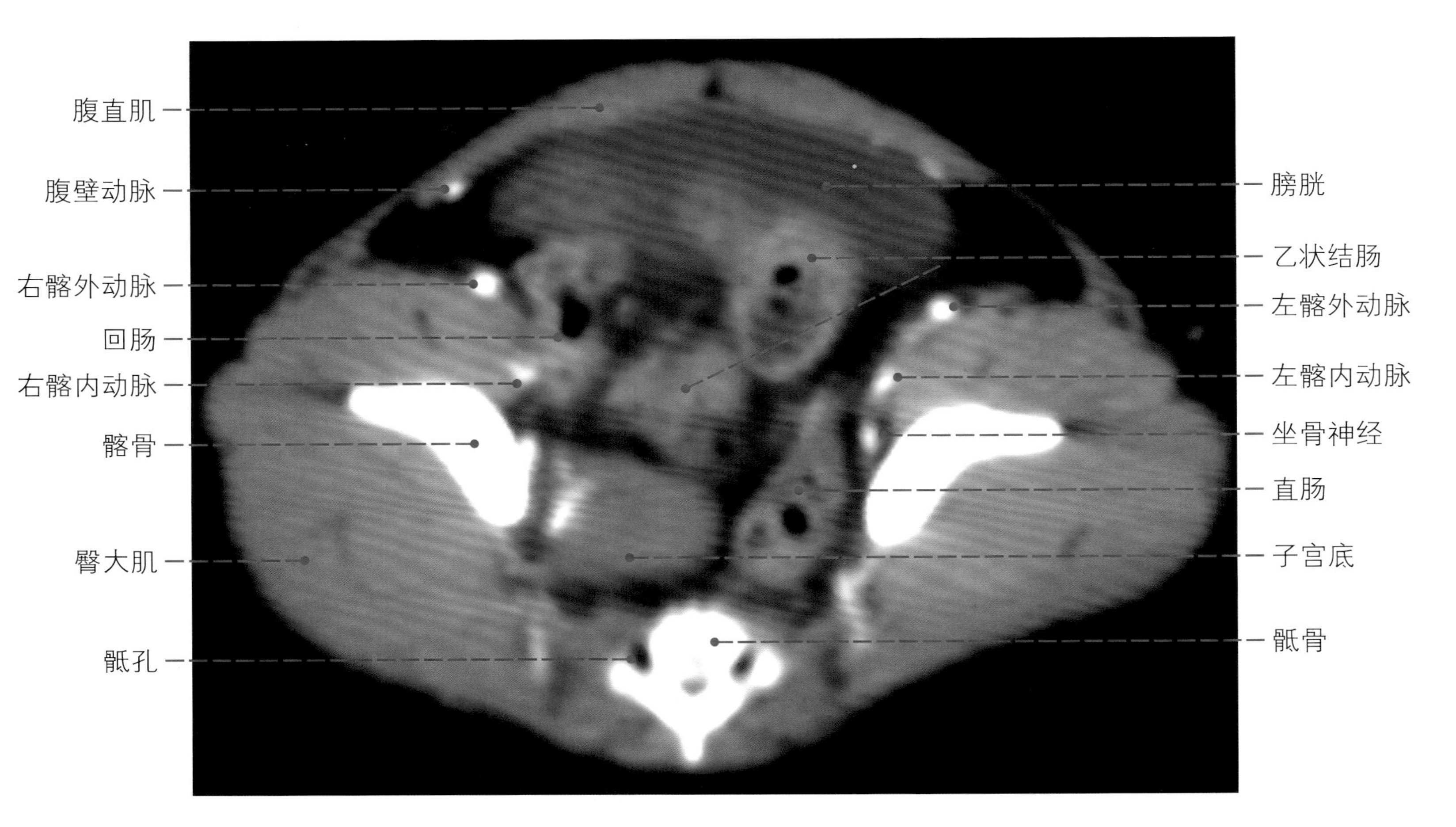
腹直肌
腹壁动脉
右髂外动脉
回肠
右髂内动脉
髂骨
臀大肌
骶孔
膀胱
乙状结肠
左髂外动脉
左髂内动脉
坐骨神经
直肠
子宫底
骶骨

子宫底层面

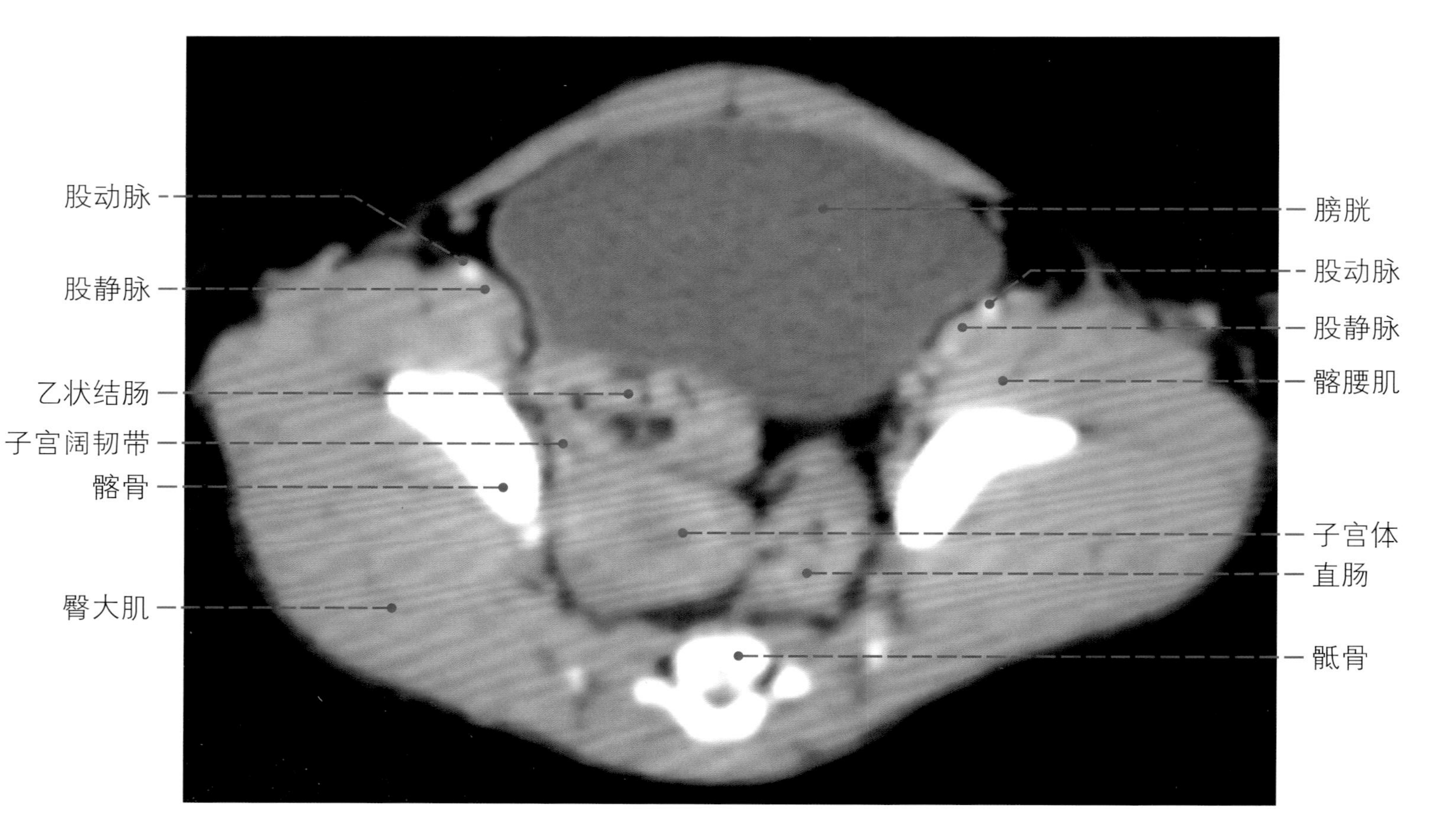
股动脉
股静脉
乙状结肠
子宫阔韧带
髂骨
臀大肌
膀胱
股动脉
股静脉
髂腰肌
子宫体
直肠
骶骨

子宫体层面

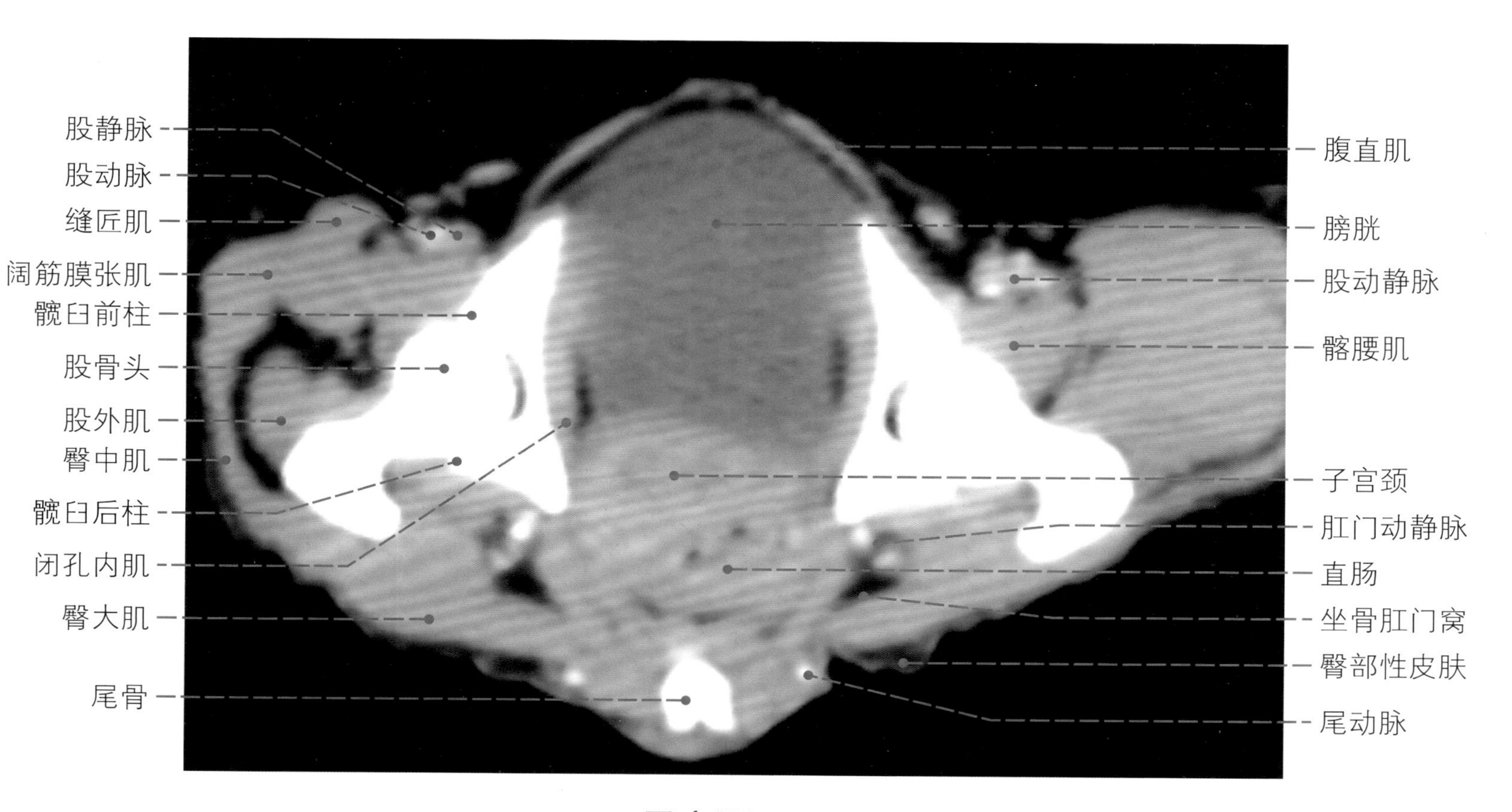
股静脉
股动脉
缝匠肌
阔筋膜张肌
髋臼前柱
股骨头
股外肌
臀中肌
髋臼后柱
闭孔内肌
臀大肌
尾骨
腹直肌
膀胱
股动静脉
髂腰肌
子宫颈
肛门动静脉
直肠
坐骨肛门窝
臀部性皮肤
尾动脉

子宫颈层面

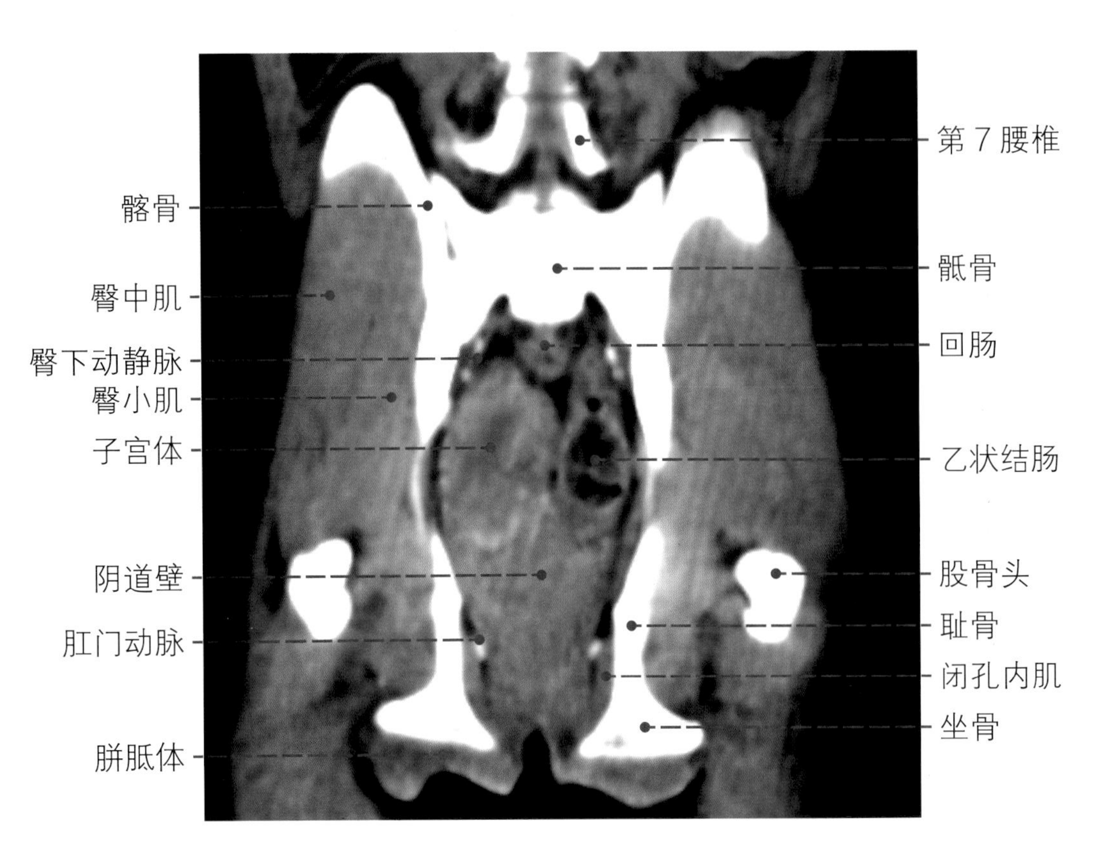
第7腰椎
髂骨
骶骨
臀中肌
臀下动静脉
回肠
臀小肌
子宫体
乙状结肠
阴道壁
股骨头
耻骨
肛门动脉
闭孔内肌
坐骨
阴蒂体

雌性盆腔冠状位

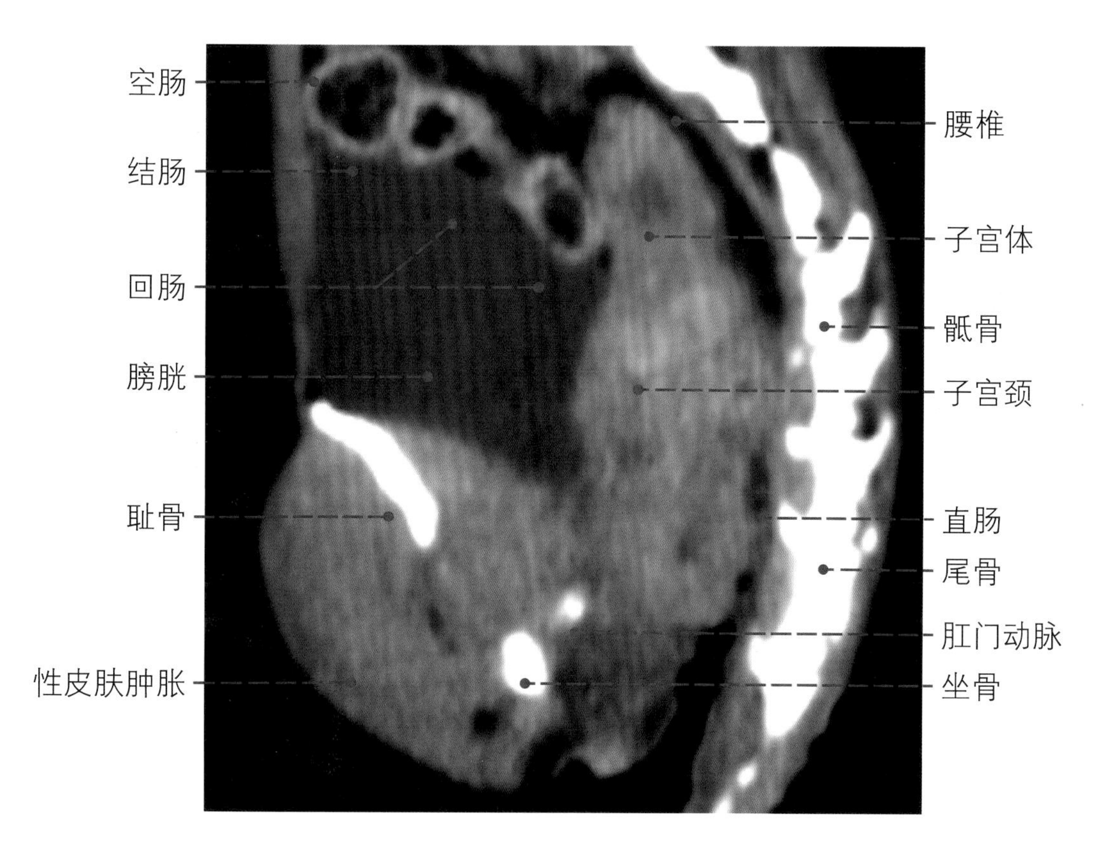
空肠
结肠
回肠
膀胱
耻骨
性皮肤肿胀
腰椎
子宫体
骶骨
子宫颈
直肠
尾骨
肛门动脉
坐骨

雌性盆腔矢状位

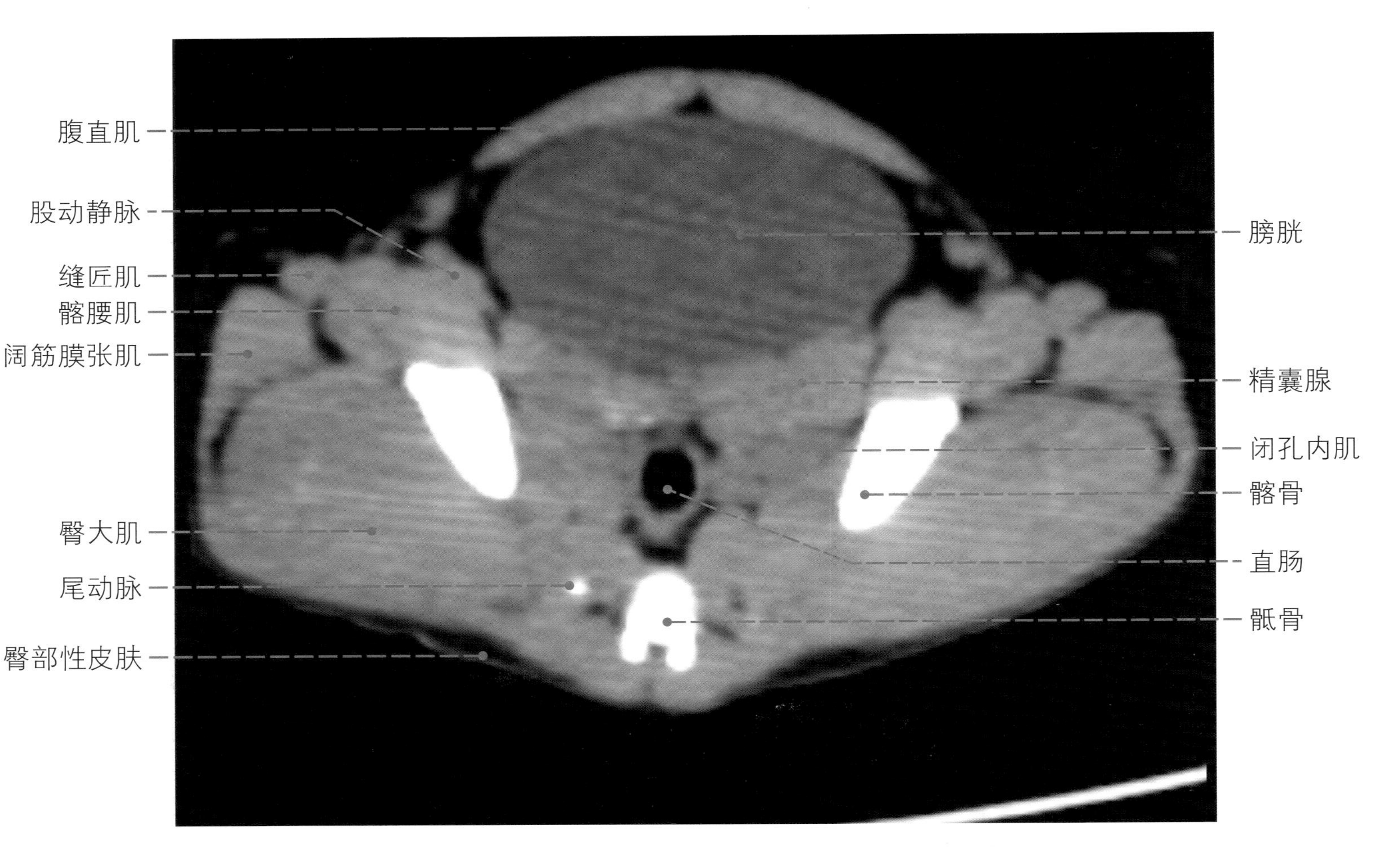

腹直肌
股动静脉
缝匠肌
髂腰肌
阔筋膜张肌
臀大肌
尾动脉
臀部性皮肤
膀胱
精囊腺
闭孔内肌
髂骨
直肠
骶骨

膀胱精囊腺层面

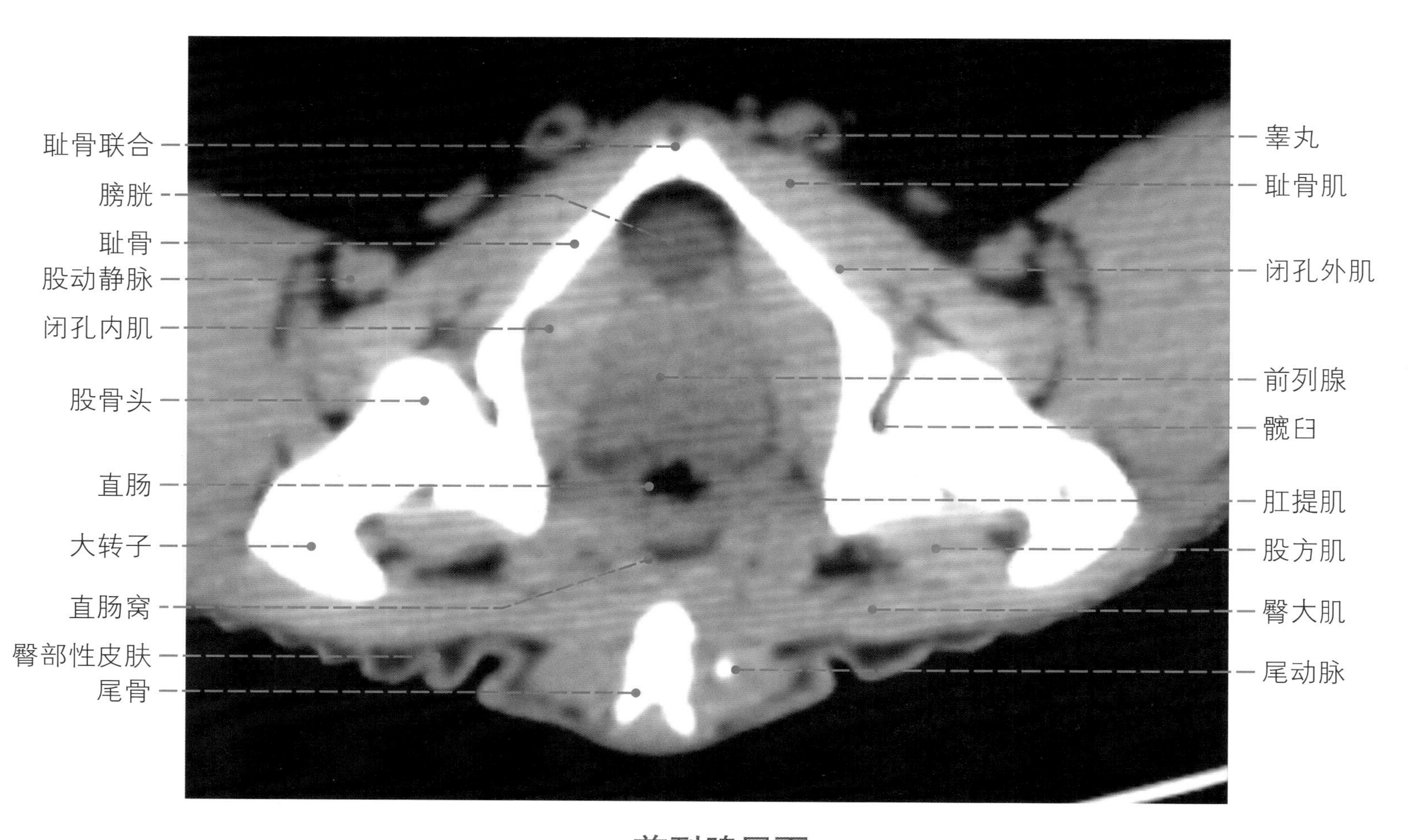
耻骨联合
膀胱
耻骨
股动静脉
闭孔内肌
股骨头
直肠
大转子
直肠窝
臀部性皮肤
尾骨
睾丸
耻骨肌
闭孔外肌
前列腺
髋臼
肛提肌
股方肌
臀大肌
尾动脉

前列腺层面

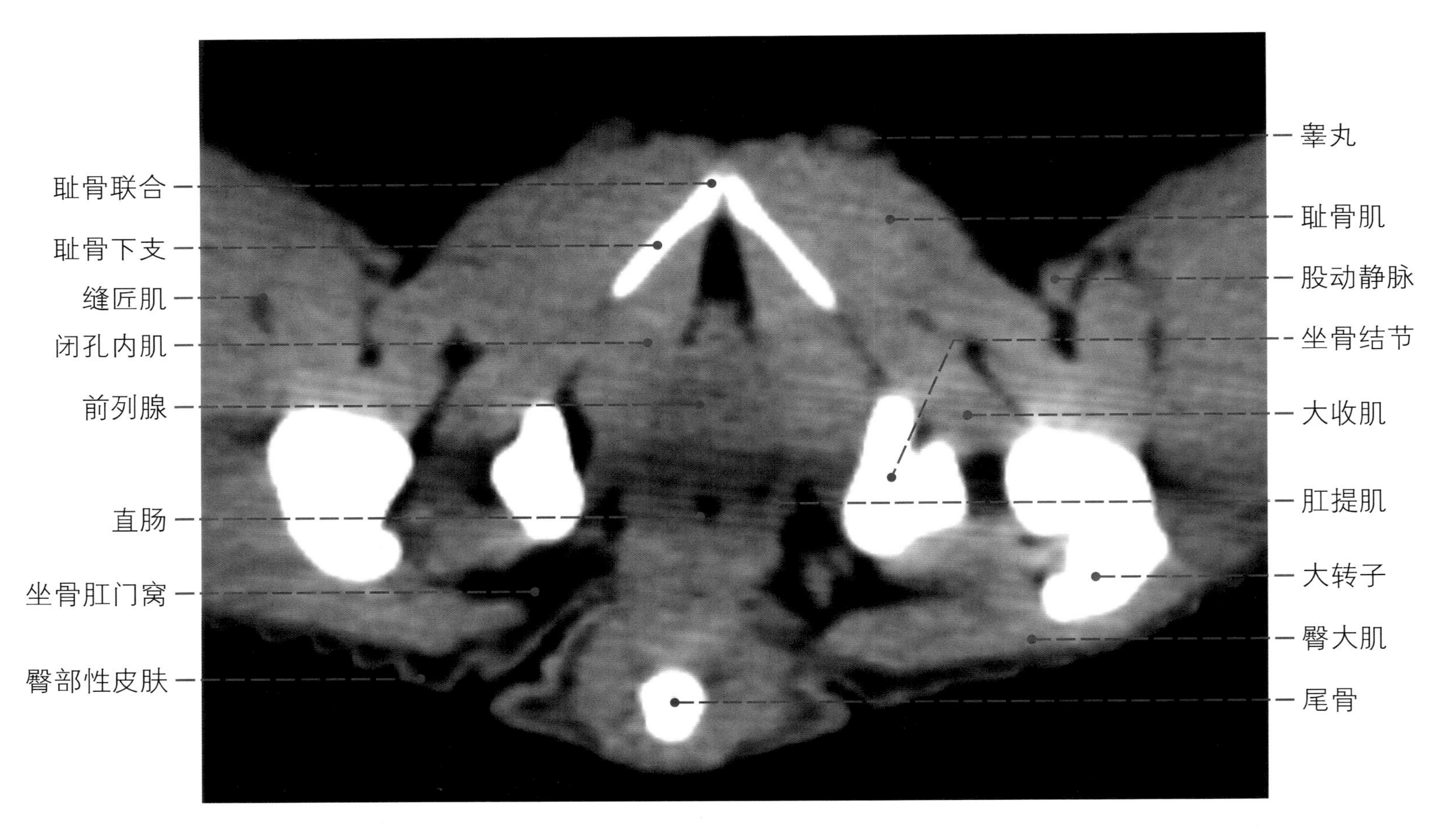

睾丸
耻骨联合
耻骨肌
耻骨下支
股动静脉
缝匠肌
坐骨结节
闭孔内肌
前列腺
大收肌
肛提肌
直肠
大转子
坐骨肛门窝
臀大肌
臀部性皮肤
尾骨

耻骨下支层面

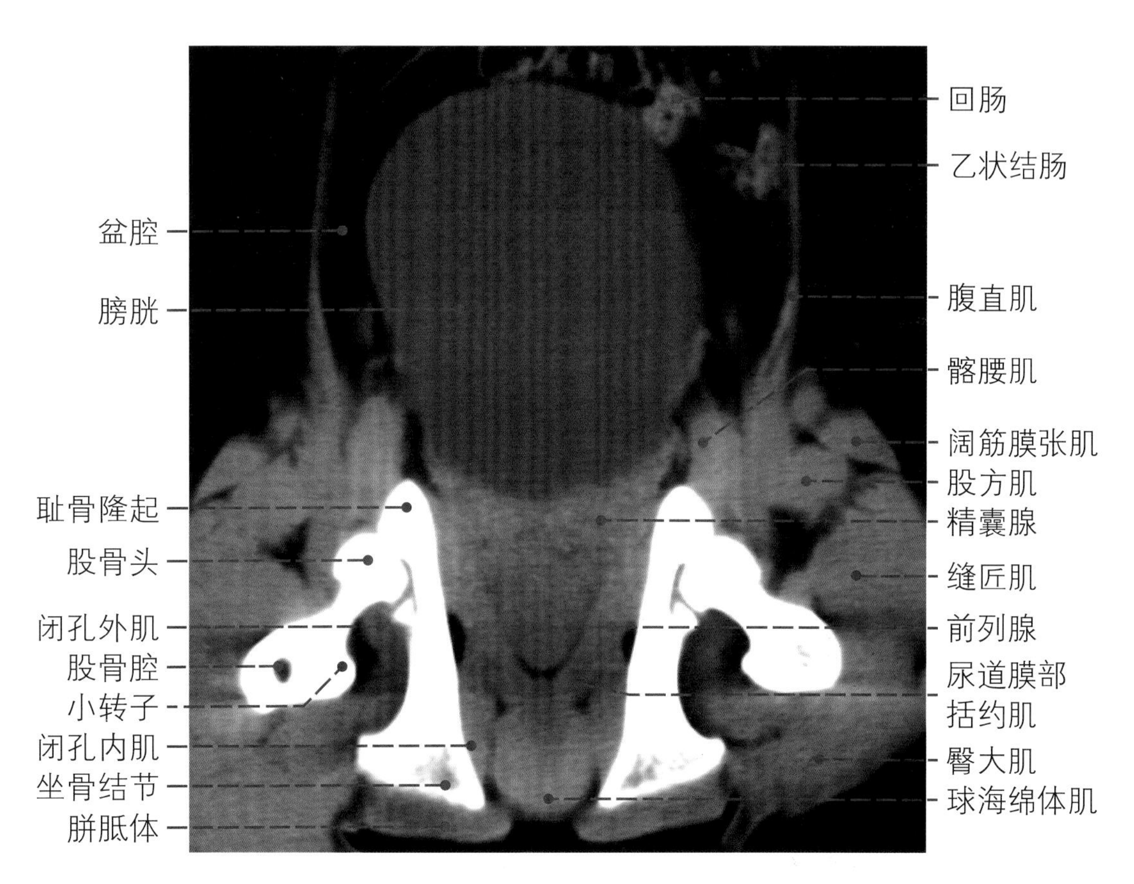

回肠
乙状结肠
盆腔
膀胱
腹直肌
髂腰肌
阔筋膜张肌
股方肌
耻骨隆起
精囊腺
股骨头
缝匠肌
闭孔外肌
前列腺
股骨腔
尿道膜部
小转子
括约肌
闭孔内肌
臀大肌
坐骨结节
球海绵体肌
胼胝体

雄性盆腔冠状位

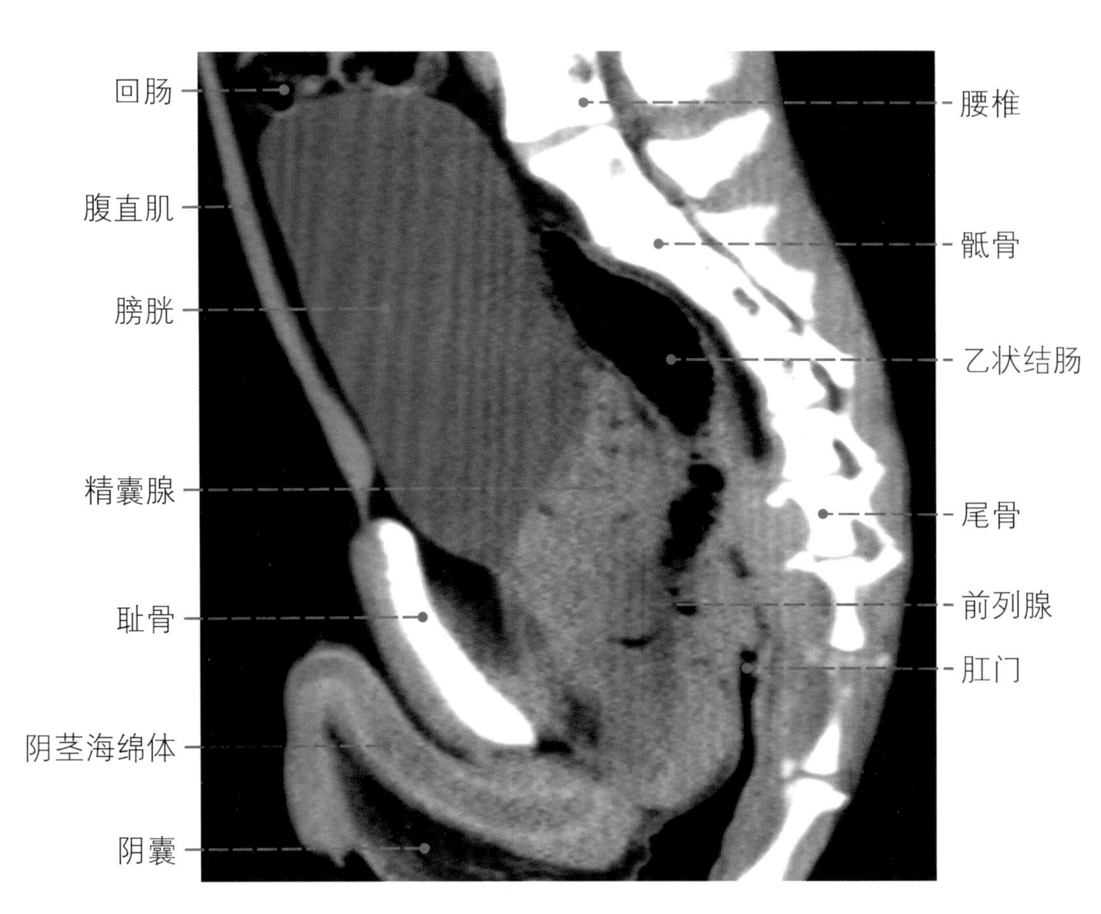
回肠
腹直肌
膀胱
精囊腺
耻骨
阴茎海绵体
阴囊
腰椎
骶骨
乙状结肠
尾骨
前列腺
肛门

雄性盆腔矢状位

血管系统

以下图片是利用 CT 影像重建的三维效果图
和 CT 扫描代表性层面图。

胸腹部血管

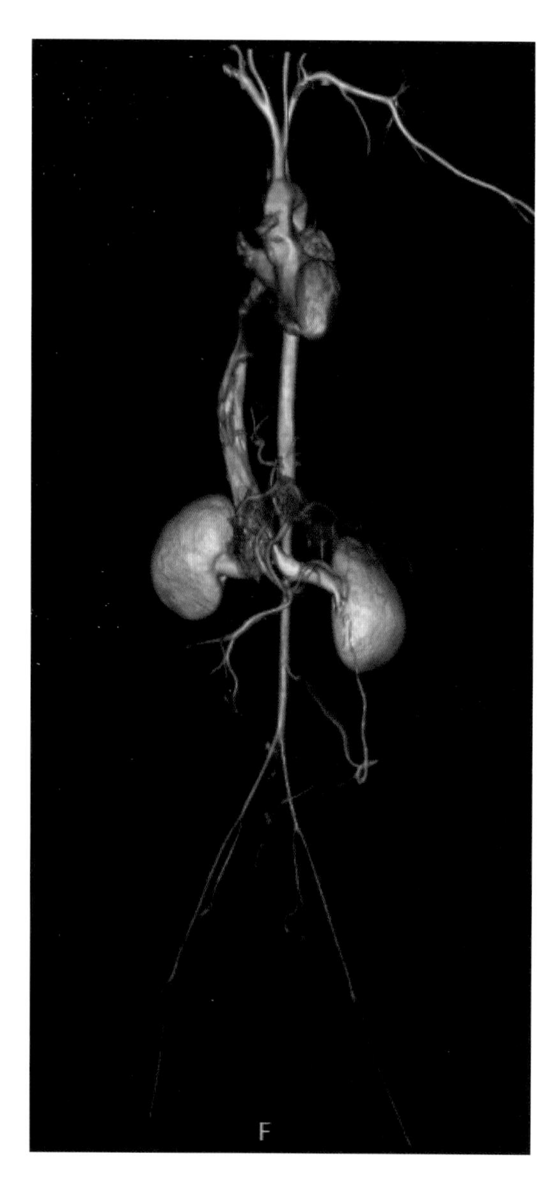
F

胸腹部血管前面观

F

胸腹部血管后面观

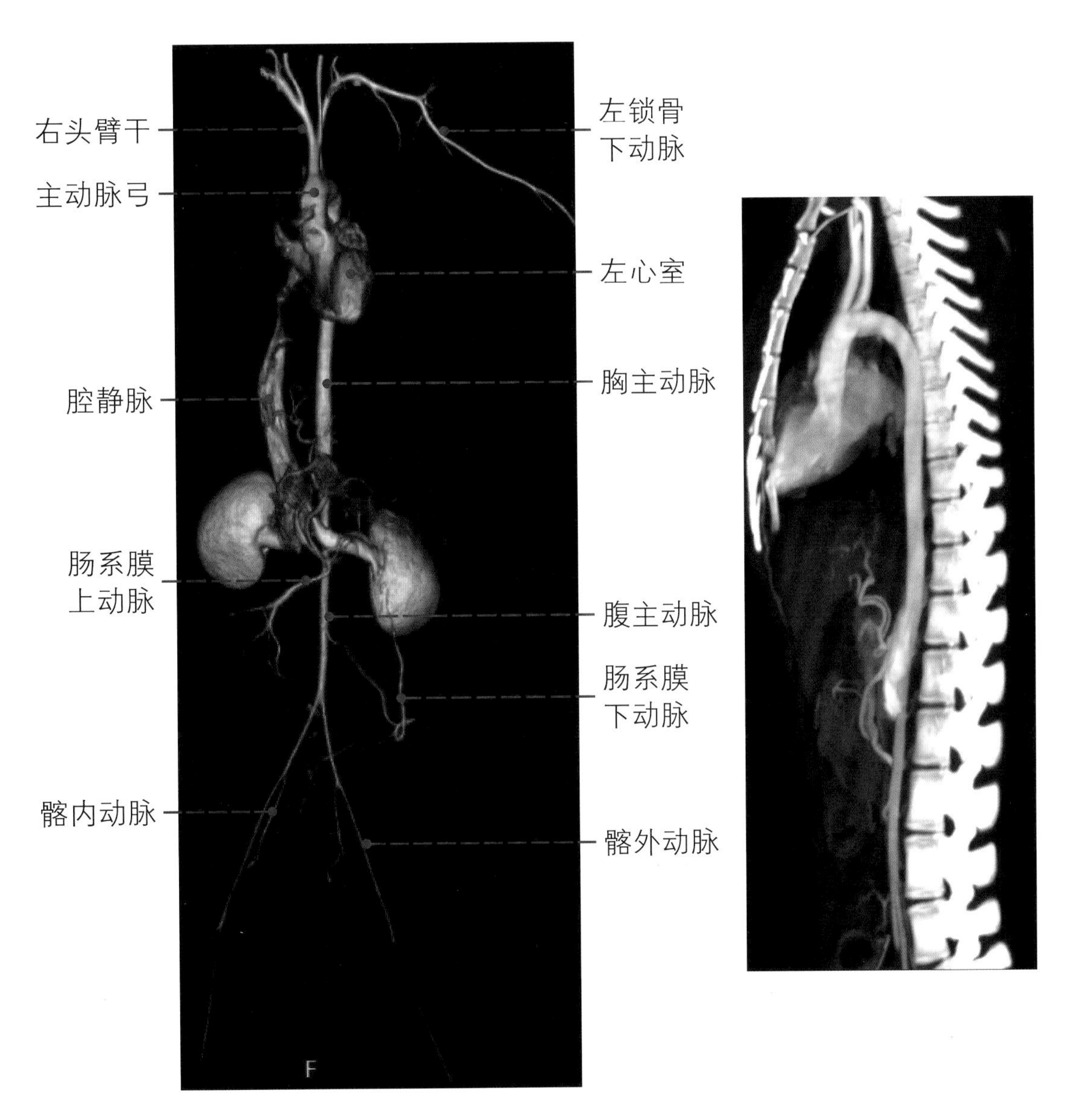
右头臂干
主动脉弓
腔静脉
肠系膜
上动脉
髂内动脉
左锁骨
下动脉
左心室
胸主动脉
腹主动脉
肠系膜
下动脉
髂外动脉
F

胸腹部血管前面观

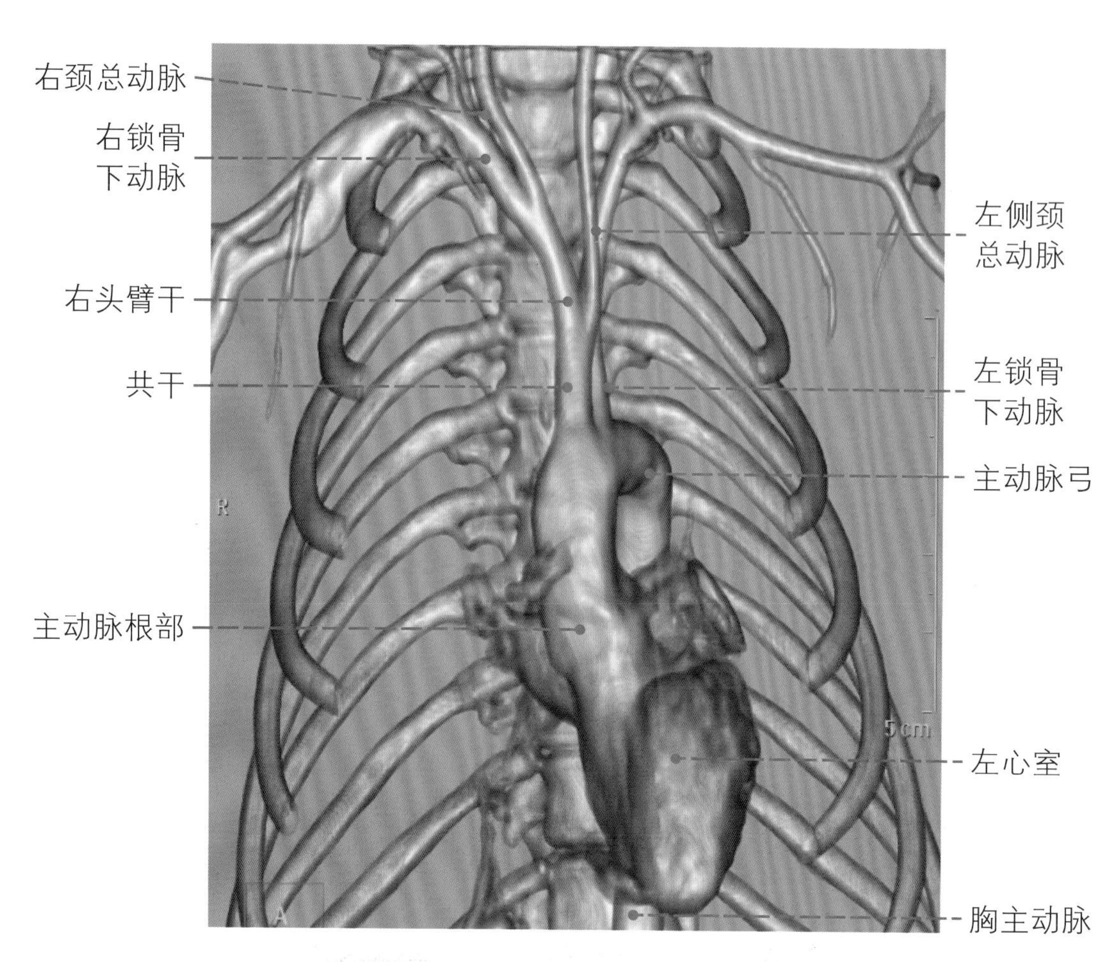
右颈总动脉
右锁骨
下动脉
右头臂干
共干
主动脉根部
左侧颈
总动脉
左锁骨
下动脉
主动脉弓
左心室
胸主动脉
R
5cm
A

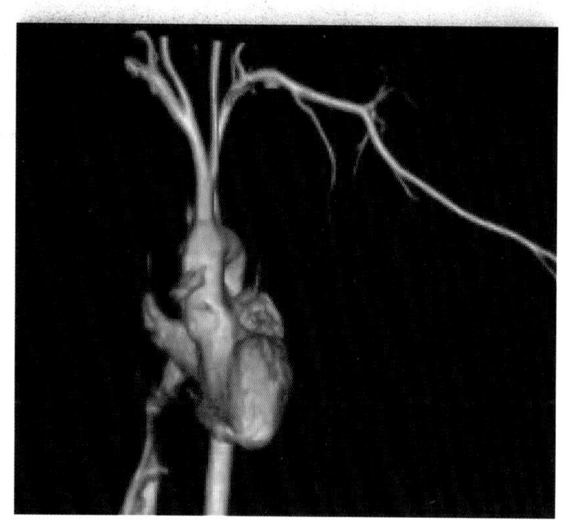

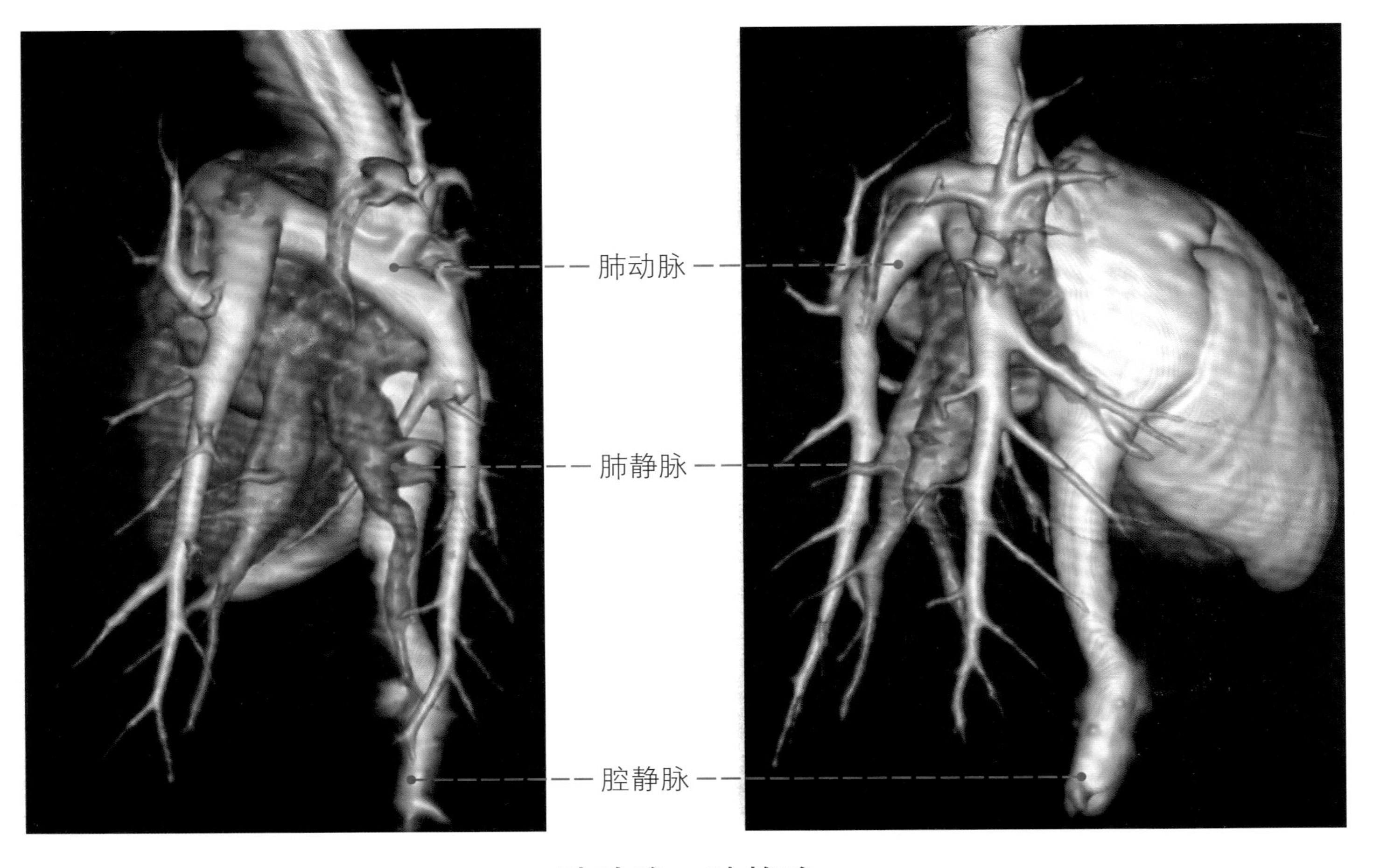
肺动脉
肺静脉
腔静脉

肺动脉、肺静脉

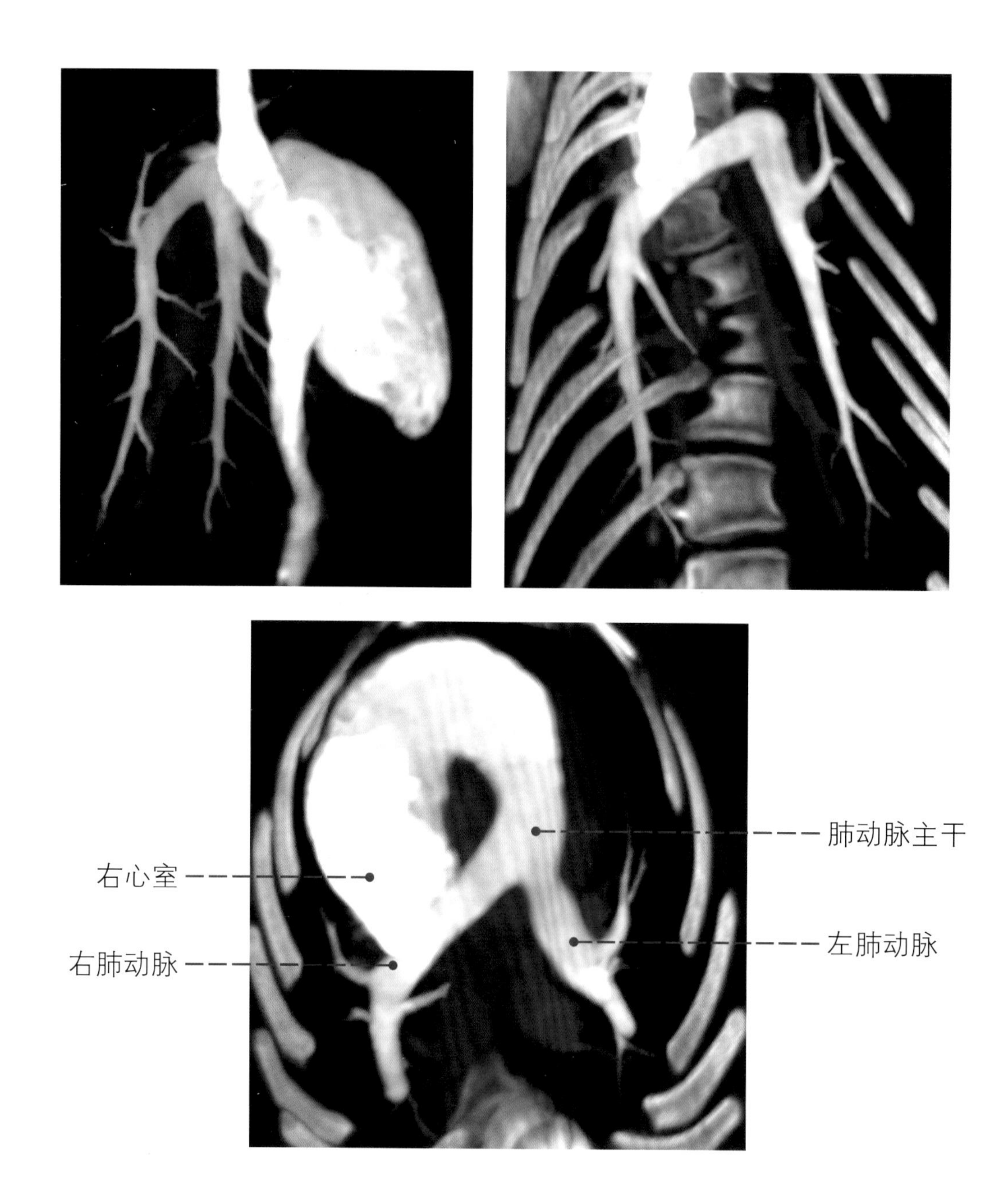
肺动脉主干
右心室
右肺动脉
左肺动脉

肺动脉

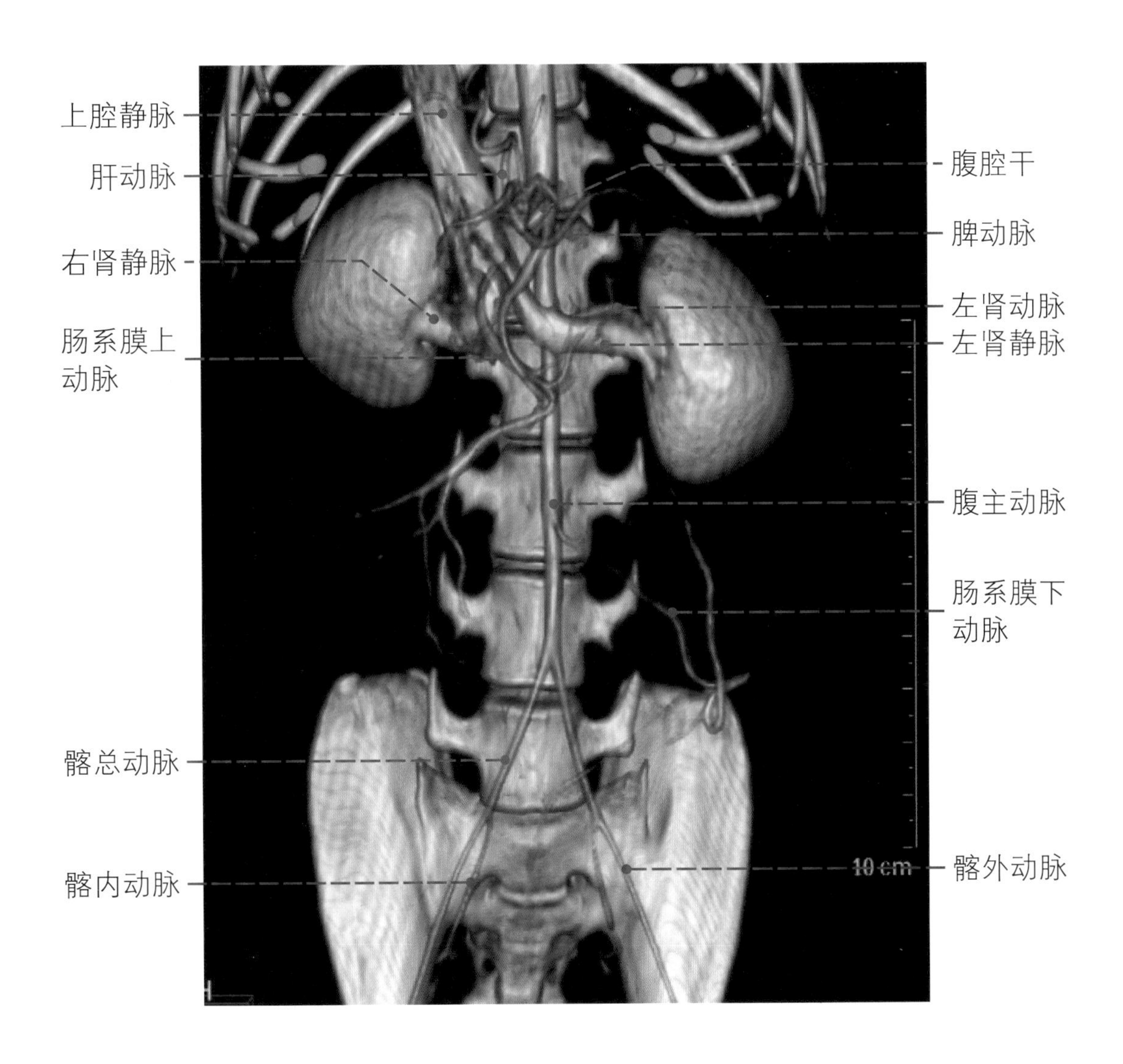
上腔静脉
肝动脉
右肾静脉
肠系膜上动脉
髂总动脉
髂内动脉
腹腔干
脾动脉
左肾动脉
左肾静脉
腹主动脉
肠系膜下动脉
10 cm
髂外动脉

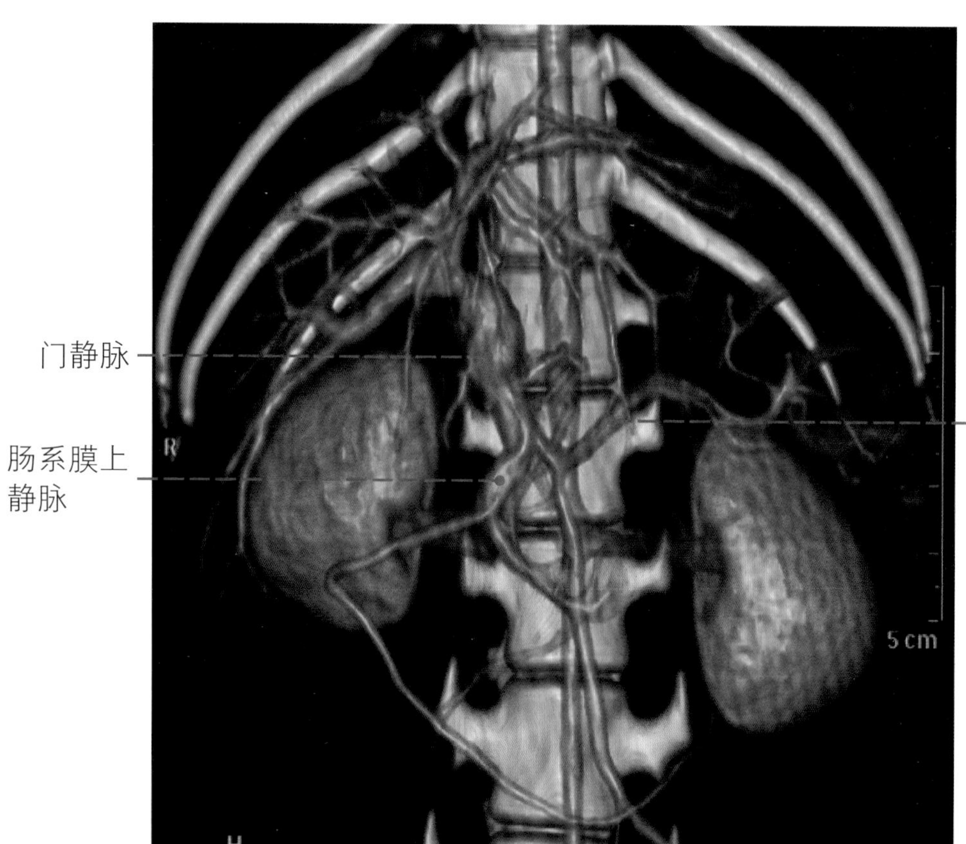
门静脉
肠系膜上
静脉
脾静脉
R
5 cm
H

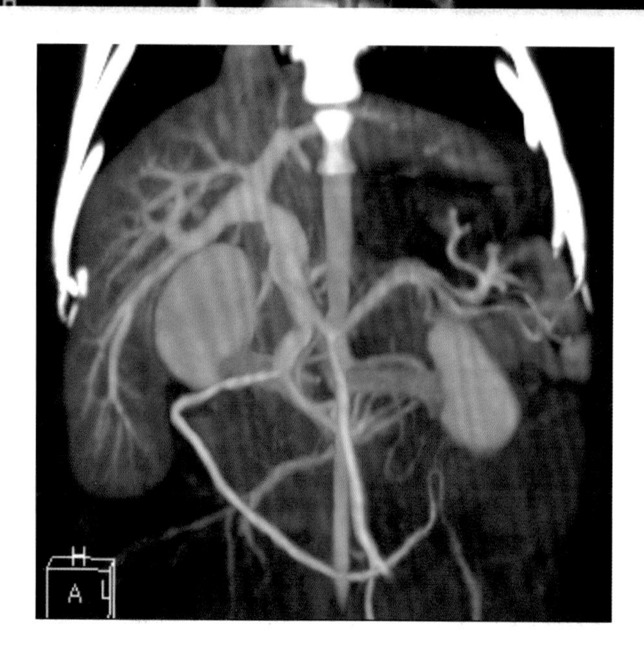
H
A
L

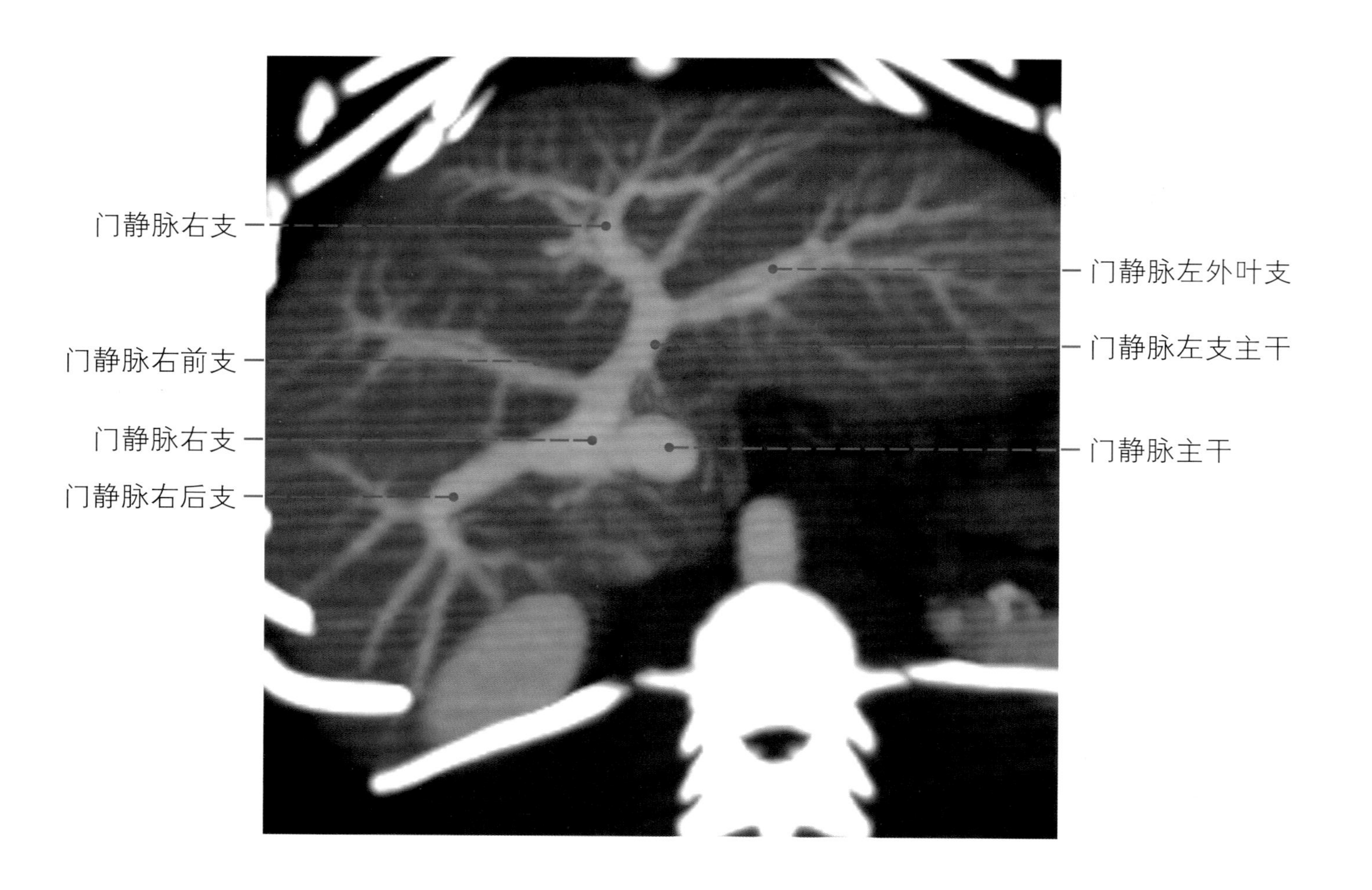

门静脉右支
门静脉左外叶支
门静脉右前支
门静脉左支主干
门静脉右支
门静脉主干
门静脉右后支

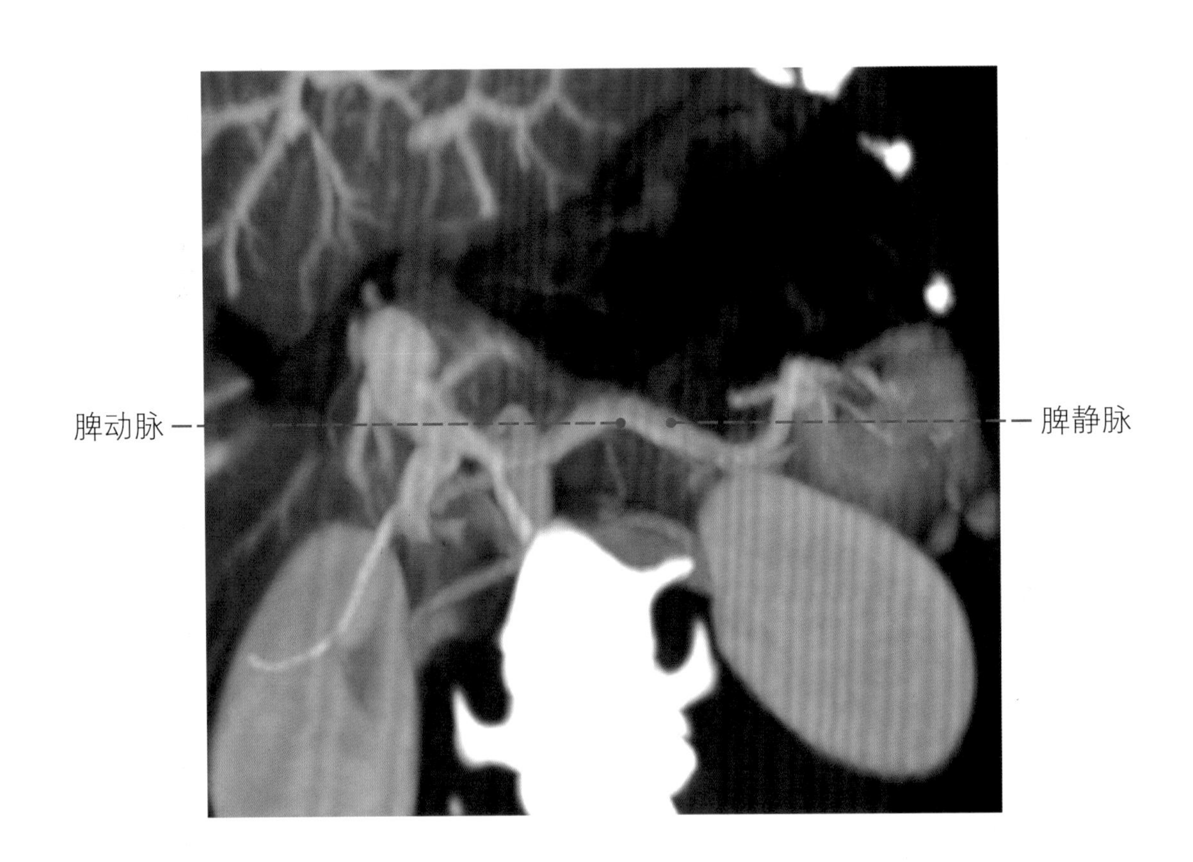
脾动脉
脾静脉

肝静脉系统

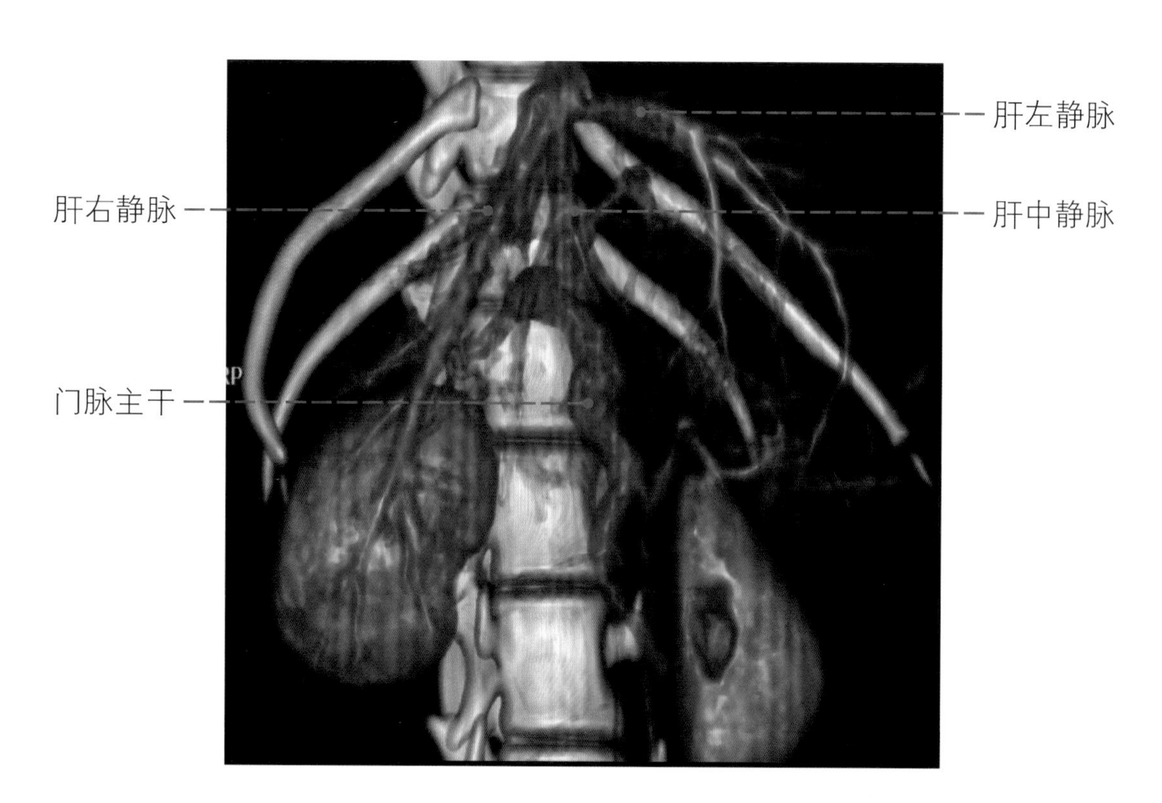

肝左静脉
肝右静脉
肝中静脉
门脉主干

RHV　肝右静脉
MHV　肝中静脉
LHV　肝左静脉
IVC　下腕静脉

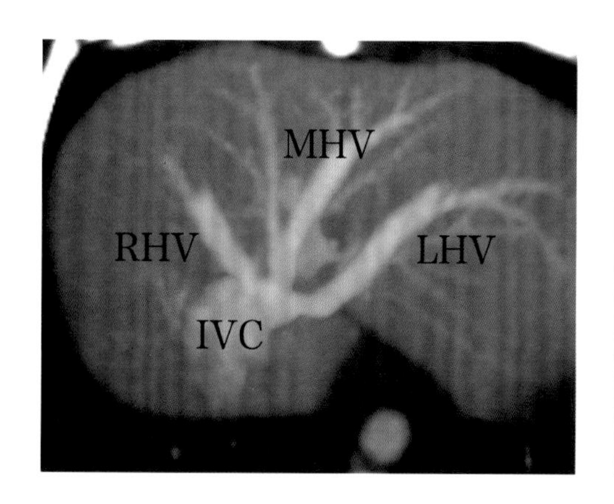

MHV
RHV
LHV
IVC

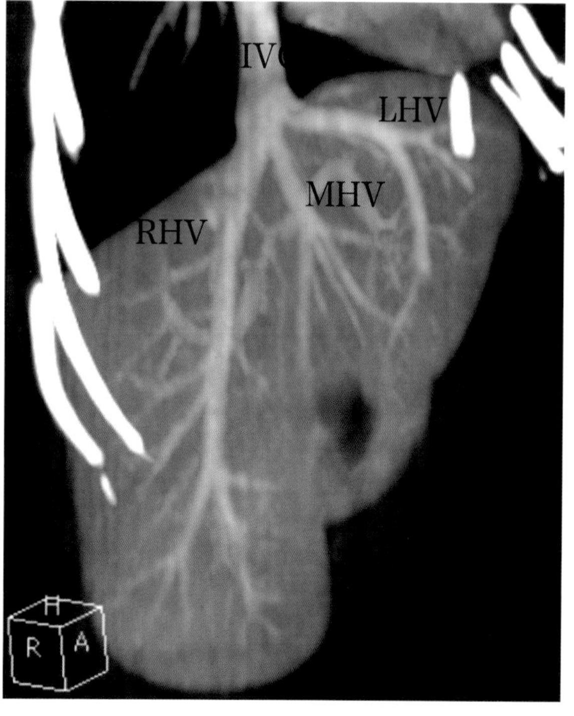

LHV
MHV
RHV
H
R
A

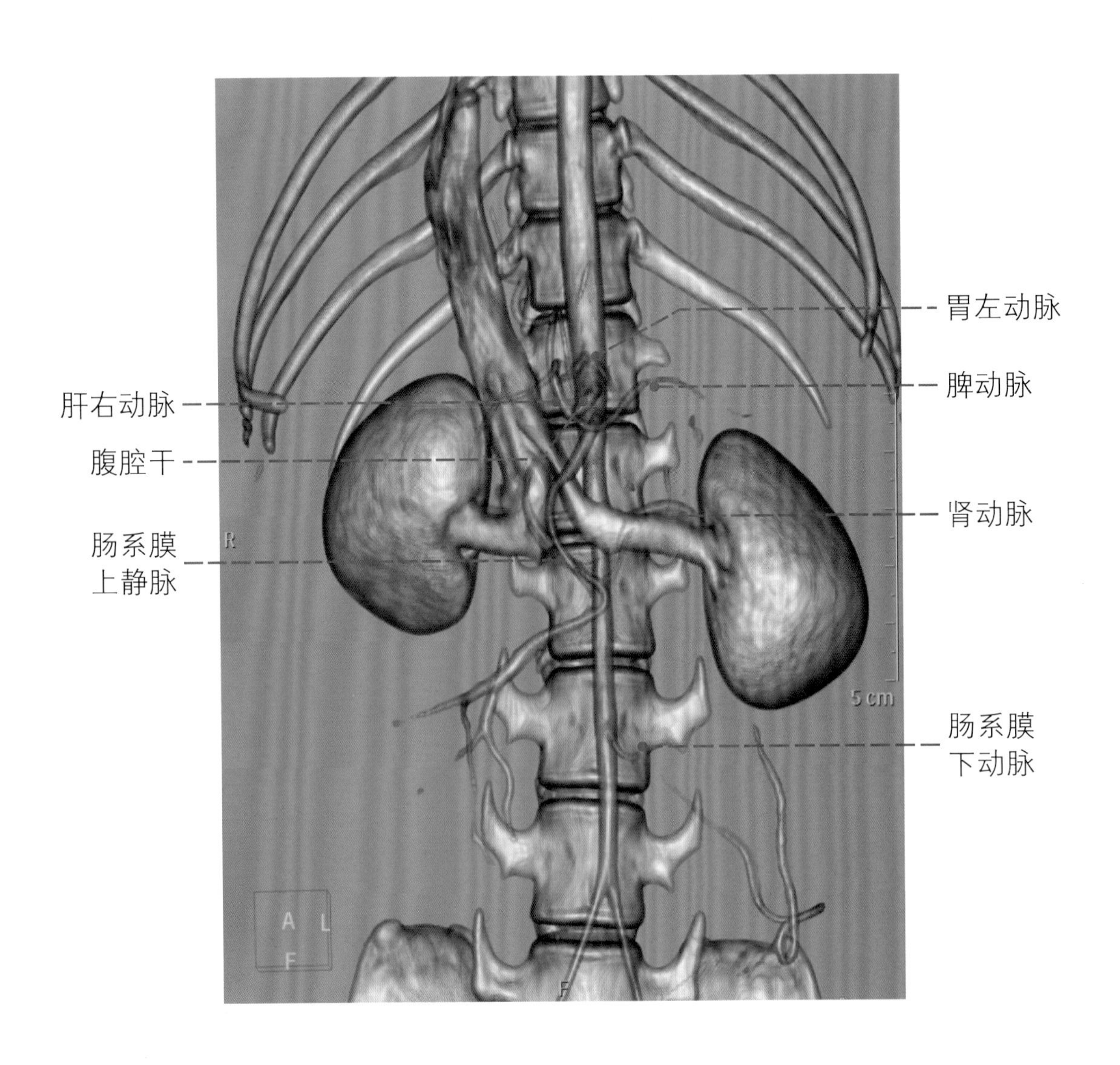
胃左动脉
肝右动脉
脾动脉
腹腔干
肾动脉
肠系膜
上静脉
R
5 cm
肠系膜
下动脉
A
L
F
F

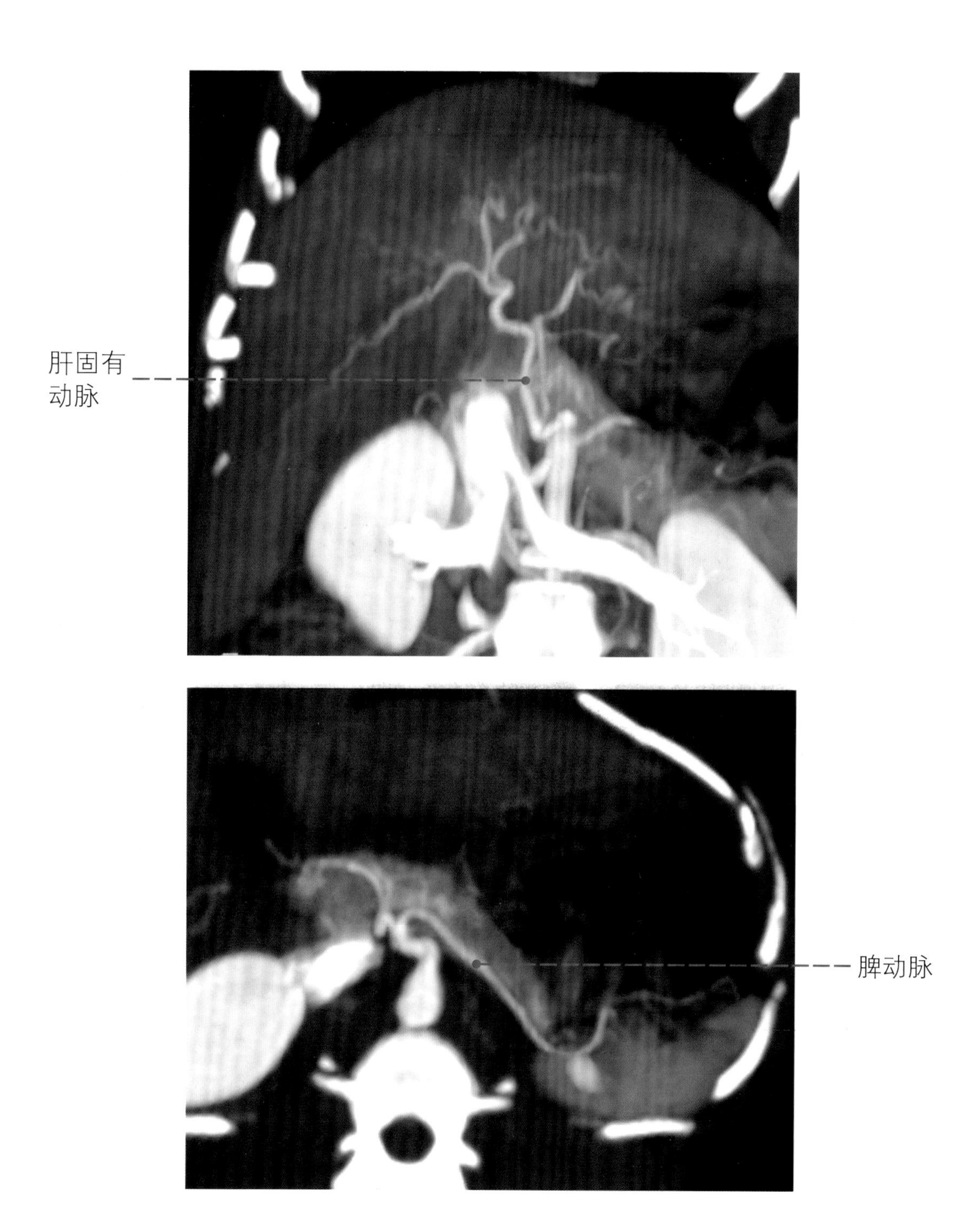

肝固有动脉
脾动脉

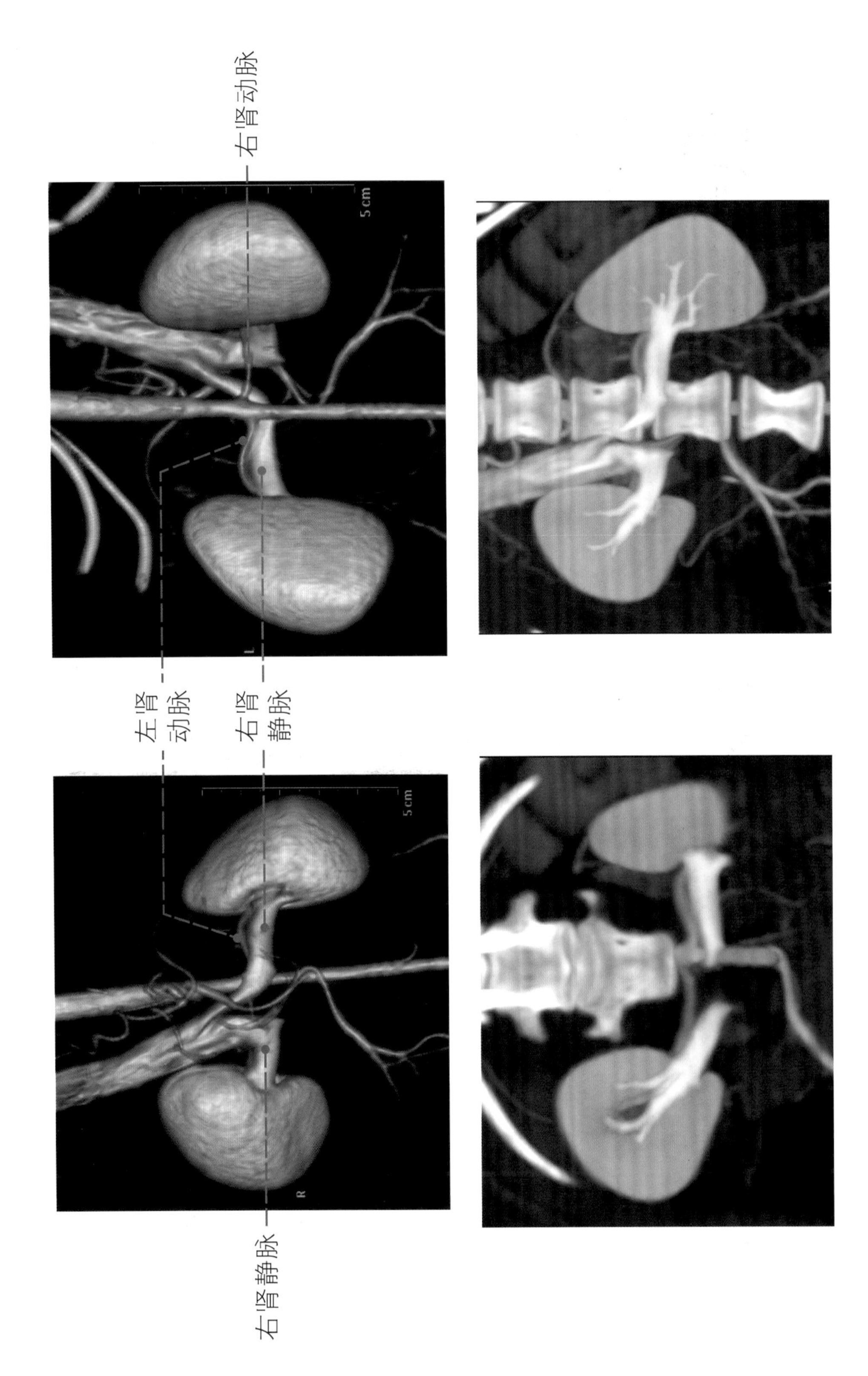

右肾动脉
左肾动脉
右肾静脉
右肾静脉
5 cm
5 cm
L
R

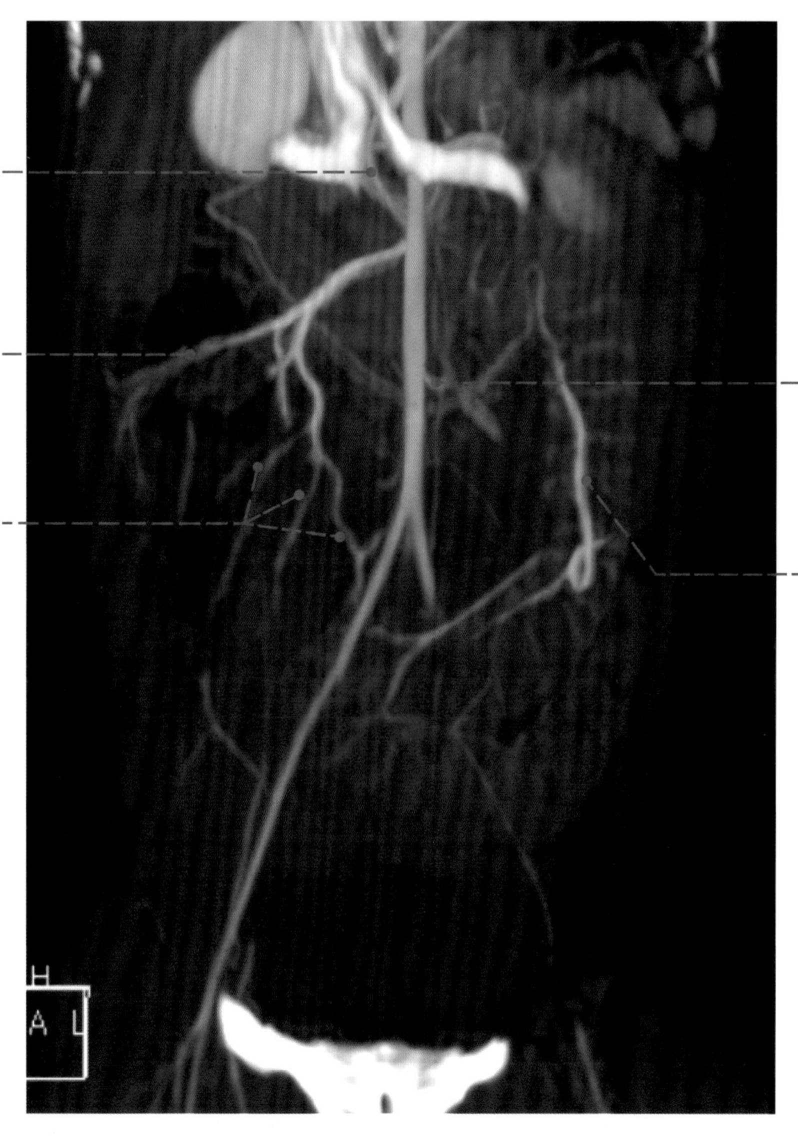
肠系膜
上动脉
肠系膜上
动脉左结
肠分支
肠系膜上
动脉空回
肠分支
肠系膜下
动脉开口
肠系膜下
动脉左结
肠分支
H
A L

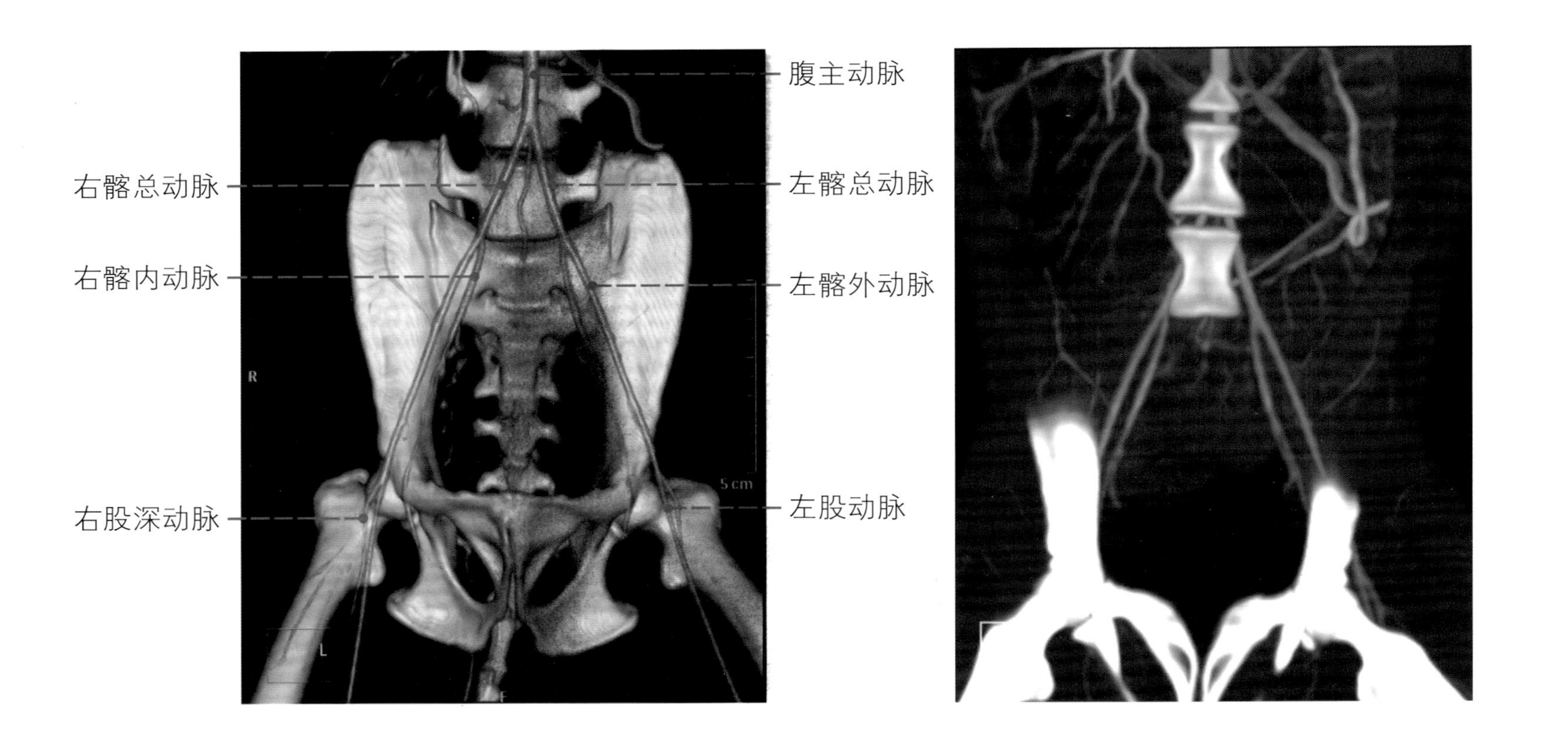
腹主动脉
右髂总动脉
左髂总动脉
右髂内动脉
左髂外动脉
5 cm
右股深动脉
左股动脉

正常恒河猴
CT影像特点
及与人类的不同

一、骨骼系统

恒河猴的全身骨骼系统可分为中轴骨骼和四肢骨骼，大约 225 块。

（一）中轴骨骼

1. 头骨

恒河猴的头骨近似椭圆形，而人的头骨近似圆形。脑颅不发达，在矢状面上，面颅与脑颅大约相等，整个侧面近似菱形，而人类的脑颅远大于面颅。从上方观察颅盖，其整体光滑凸隆程度不如人发达。

恒河猴眼眶口相对比人的大，眶上切迹较人的明显。颧弓较人的明显。猴的硬腭与颅底其他区域处于同一水平，后鼻腔与人相比显得凹陷。硬腭包括有切牙骨，人的硬腭无此骨。整个口腔前后径大于横径，而人类前后径较短。下颌体呈 V 字形向前，不像人近似蹄形，其正中线下方向后收，很不发达，看不见像人类那样有向前隆的颏隆凸，下颌底薄而锐利，不像人厚而钝圆，下颌角稍大于 90°，但比人的小。

2. 脊柱

脊柱的颈段稍向前面，胸腰段基本上是直的，骶段稍斜向后下，形成骶岬，尾长而弯。脊柱包括有 7 个颈椎、12 ~ 13 个胸椎、7 个腰椎、3 ~ 4 个骶骨和 12 ~ 13 个尾椎。

（1）颈椎：第 3 ~ 6 个颈椎的形态基本相似，椎体呈扁形，而人类呈椭圆形，椎弓窄长，椎孔较大，呈三角形，棘突微斜向下方，末端不分叉，人类分叉；寰椎后弓中央不像人那样有粗糙隆起，看不到后结节；枢椎的上关节突有斜向后外的关节面，人类的呈水平位，棘突粗大，末端不分叉，人类向后下分叉。

（2）腰椎：共有 7 个，人类 5 个，椎体高而大，其横断面逐渐形成肾形；棘突厚骨板比人的短，棘突后缘粗糙；上关节突的关节面，除第 1、第 2 腰椎与人相似呈矢状位外，第 3~7 腰椎的上关节突分叉，将上一个相对应的下关节突夹在其中，从而使得猴的腰部运动不如人类灵活。

（3）骶骨：上宽下窄，尖端向下，近似一个狭长的三角形，由 3 ~ 4 个骶骨融合而成。骶骨两侧与髋骨关节组成骨盆。猴的骨盆较狭窄，没有人的宽阔。

（4）尾椎：共由 12 ~ 13 个尾椎组成，上位 3 ~ 4 个尾椎发育完全，具有关节突、棘突和横突；中段尾椎变长，往下逐渐变短，最后一个尾椎呈尖细状。

3. 骨性胸廓

骨性胸廓由 12 ~ 13 个胸椎、12 ~ 13 对肋骨和胸骨构成。整个外观呈上细下粗的桶形，人类似圆桶形，猴由上到下的斜度比人类的大；其横径大于前后径，与人相似。猴的胸骨形似多节稍扁的竹竿（人呈上宽下窄的长方形扁骨），由 7 ~ 8 节胸骨构成。猴的肋骨形窄而甚弯曲，上 9 对肋骨渐次增长，借助肋软骨与胸骨相连。

（二）四肢骨骼

1. 前肢骨

肩胛骨背面肩胛冈外侧部较发达，内侧端只剩下一低嵴，比人的薄，肩峰细而长，肩胛骨上缘外侧端几乎看不到肩胛切迹，而人类的很明显；肩胛骨脊柱缘上部较弯曲，其长度相对人的短；肩胛骨腋缘肥厚，其长度相对人的长。

恒河猴的肱骨长度比前臂骨短，而人类的肱骨则是其上肢中最长的管状骨。恒河猴的腕骨近侧列的豌豆骨并不与其他腕骨并列，而是位于三角骨的掌面，豌豆骨呈中细的短棒状，人类的呈扁圆形的豌豆状。肩关节盂微凹呈梨形，人类的为椭圆形。

2. 后肢骨

（1）髋骨：左右髋骨与骶尾骨连接成骨盆。从整体看，恒河猴的骨盆比较窄小，两侧壁似长方形翘起，远不及人类的漏斗形或元宝形骨盆大。两侧坐骨结节宽厚而发达。髂骨翼为髂骨长而窄的上部，外面光滑凸隆，人类的宽广而凹陷。髂骨外侧缘自髂前上棘起几乎垂直下行，止于髋臼，人类的呈弓状。坐骨大切迹不像人的深度凹陷，而是呈浅弧形。恒河猴的耻骨角呈很窄的锐角（35°），耻骨联合上半呈弧形凸出，这些和人的有很大的区别。

（2）股骨：股骨颈长度相对比人的短，大、小转子发达，恒河猴没有转子间线，后面的转子间嵴也不如人的明显，股骨体后面纵行的股骨嵴不如人的那样粗糙明显。

（3）趾骨：共14根，底大，体小，体的背面圆隆，趾骨的长度相对比人的要长。

二、头颈部

1. 眼

恒河猴的眼球肌含有副外直肌（亦称眼球后缩肌或漏斗状肌），该肌位于外直肌的深面，起于外直肌起点的深面。恒河猴的副外直肌是块明显可见的肌肉。在人类，此肌的存在则是罕见的异常。

2. 大脑

恒河猴大脑半球的沟回不仅有个体差异，即使在同个大脑的两个半球上，也不尽相同。恒河猴的沟回远较人类的少。恒河猴顶枕裂的走向与人类的迥然不同，人类的顶枕裂系由前下方走向后上方，下端与距状裂相连，而恒河猴的却不相连；恒河猴的旁中央沟不明显。在额叶底面有眶沟，其内含嗅球和嗅束，嗅束同其他灵长类一样，向后分为内侧嗅纹和外侧嗅纹。恒河猴的嗅区不发达。恒河猴枕叶的背外侧面的纹状区光滑，沟裂不明显。枕叶底面的舌回与前面的海马回相延续，但二者之间无明显界线。恒河猴的颞叶背外侧面不存在颞横回，但在人类却恒定存在。

3. 小脑

恒河猴小脑的特点是：袢状叶脚Ⅰ和脚Ⅱ大，旁中央叶亦相对大；在人脑中早已退化的旁绒球，在恒河猴的小脑中尚存在。

4. 脑干

恒河猴的左、右侧橄榄体不等大，在橄榄体的背侧、脑桥的下方，有一扁平的纤维束，向外附于位听神经，向内消失于锥体的深面，此纤维束呈棱形体，在人脑中此束被桥臂覆盖。

5. 颈髓

恒河猴颈髓的特点是：颈髓8节，第2颈髓以下表面光滑；脊髓的外径以第6和第7颈髓最大（10毫米），其次为第2和第8颈髓（9毫米）。

三、胸部

1. 肺

恒河猴肺的结构和气管的分布走向与人类有一定的差异，正常恒河猴肺叶是左3（即左上叶、左中叶、左下叶）、右4（即右上叶、右中叶、右下叶、右奇叶）。而正常人体是左2右3。人类奇叶的发生率只有0.4%～1%。恒河猴肺泡的细微结构也与人类有较大的不同。

2. 食管

恒河猴的食管在胸内先是在主动脉弓深面，随后位于主动脉的右侧、心包的后方，下行至第8胸椎，水平跨过胸主动脉前方，经膈肌的食管裂孔，进入腹腔，约在第10胸椎（人类在第11胸椎）的高度与胃贲门相接，全长18～20厘米（人类的为25厘米）。

3. 心脏

恒河猴心脏的胸肋面心尖切迹明显可见，距心尖1～1.5厘米。心脏下缘不如人类的明显，较短且倾斜，由右心室的一小部分及近心尖处的左心室构成，心尖切迹位于此缘内。恒河猴心脏的房间隔的下部有一卵圆形的凹陷称卵圆窝，恒河猴的卵圆窝的后上缘明显，在人类却以卵圆窝的前上缘稍隆起。

四、腹部

1. 腰椎数

恒河猴的腰椎数目一般为7个，而人的为5个，骶骨、尾骨差异很大。

2. 盲肠

恒河猴的盲肠相对比人的大，直径约6厘米。恒河猴没有阑尾，盲肠端只有一个锥形突出（阑尾遗迹）。

3. 肾

恒河猴的右肾比左肾高 1 ～ 2 厘米（约半个腰椎体），与人不同，人的右肾比左肾一般要低 1 ～ 2 厘米。因此人类右肾动脉发出点稍低于左肾动脉，恒河猴与此相反。

4. 肾上腺

恒河猴的肾上腺的毗邻关系与人类不同之处有二：一是与沿脊柱配置的诸结构的距离较远，二是受肾的形态影响较小。

5. 输尿管

输尿管是一对细长的扁形管，全长约 15 厘米（人类的为 20 ～ 30 厘米），平均管径 2 厘米。

五、盆腔

恒河猴骨盆呈长而窄的形状，而侧壁似长方形翘起，远不如人的骨盆大。大体表观：恒河猴会阴两侧的坐骨结节上生长着坐胼胝；成年动情期恒河猴外生殖器及臀部等区域皮肤会出现肿胀（变红）、皱褶，称为性皮肤。

（一）雄性盆腔

1. 生殖附属腺

雄性恒河猴的生殖附属腺中，精囊腺最大，而不是前列腺。恒河猴的前列腺形态和分叶都不同于人类，相当于人类前列腺的前叶缺失，从而使前列腺不能构成围绕尿道的环，仅位于其后方；相对来说除整体较人类的前列腺为小，其尾侧叶和颅侧叶较大，而外侧叶较小。颅侧叶相当于人类前列腺的狭部或中间叶，比人类的大，且包绕射精管。恒河猴没有输精管腺。

2. 阴茎

阴茎有骨化部分（阴茎骨）；有阴茎提肌，是块小肌，为猴类所特有，在人类如有此肌则为罕见的变异。

（二）雌性盆腔

雌猴的外阴是一个不规则的裂隙。为单角子宫动物，子宫腔结构独特，子宫颈管弯曲，有内外之分，外子宫颈即子宫颈阴道部，两者都有子宫颈管和前后穹隆，子宫颈与子宫体腔几乎呈 T 形接续。雌性恒河猴的子宫显示位置偏右侧，直肠在左侧。

六、血管系统

（一）动脉

1. 主动脉弓

恒河猴的主动脉弓发出二条分支，右侧的分支较大，称共干，左侧的分支较小，称左锁骨下动脉。共干是一条大的血管干，长 12 ~ 15 厘米，其上端在气管的左前方，分为左颈总动脉和无名动脉（或称头臂干）。无名动脉在气管的前方斜向上，到右胸锁关节的后方分为右颈总动脉和右锁骨下动脉。共干常见于许多灵长目动物，在人类却是一种罕见的异常。

2. 尾动脉

恒河猴尾动脉起于腹动脉分杈稍上方的背侧壁，沿第 5 腰椎和骶骨盆面的正中下行到尾部，营养骨盆后壁和尾部。该动脉相当于人类的骶正中动脉。

3. 肠动脉

恒河猴肠动脉的血管弓数较人类少，且不像人有右结肠动脉。

4. 肠系膜下动脉

恒河猴肠系膜下动脉分支有以下特点。

（1）长度：自上而下逐渐变短，即上位的分支长，下位的分支短。

（2）间距：分支之间的间距自上而下变短。

（3）再分支的部位：肠系膜上动脉的上位两条分支，大约在其发出位置与肠缘之间的中点再分支；愈下位的分支则愈近肠缘才再分支。因此肠系膜动脉干上位的分支可再分支、再吻合构成二级弓，而下位的分支彼此间一般只构成一级弓。

5. 髂外动脉

恒河猴的髂外动脉主要有三条分支：髂腰动脉、旋髂深动脉、腹壁下动脉，其中髂腰动脉由髂外动脉起始段发出，沿腰大肌内侧缘逆行向上，营养腰大肌和髂肌等结构。在人类此动脉系由髂内动脉起始段或髂总动脉发出。

6. 下肢股动脉

恒河猴下肢股动脉的分支有：股深动脉、隐动脉、旋髂浅动脉、腹壁浅动脉、阴部外动脉。在人类，没有与隐动脉相当的动脉。

（二）静脉

1. 上腔静脉系

恒河猴的上腔静脉系与人类的不同之处是：不存在贵要静脉；没有半奇静脉和副半奇静脉。

2. 下腔静脉系

恒河猴的下腔静脉系与人类的不同是：大隐静脉缺少。